# 亲密
# 育儿经

王友爱 / 著

亲密养育
爱有章法

悦成长
Joyful Growth

东南大学出版社
SOUTHEAST UNIVERSITY PRESS

# 前　言

　　我一直从事儿科临床、科研和教学等工作，闲暇时除了专业书籍外，还爱看些心理学方面的书籍。其中，我对精神分析学派的一个观点印象特别深刻：童年尤其是 6 岁之前的经历对人一生的影响十分重要，许多心理体验会在潜意识里留下深深的痕迹，现实中成人存在的情感缺陷或精神问题，往往会追溯到他的童年。

　　儿童心理学经过多年研究也发现：在宝宝早期的成长过程中，家庭氛围尤其是母亲会对孩子的人格发展、心理状态、情绪状态和行为模式，起决定性的影响。而这种影响来源于日常琐碎育儿生活的不经意之间，并逐渐成为父母与宝宝间的一种习惯性互动模式。

　　简而言之，"父母与孩子之间的关系越亲密，孩子教育起来就越容易"。亲密的亲子关系会对宝宝的性格产生良好的影响，而且这种影响会对宝宝的一生带来益处。惟有懂孩子，和孩子亲密相处，才能爱得更有章法。

　　在 20 世纪 90 年代初期，我们的生活条件比如今落后许多，由于父母工作繁忙，加上经济条件并不富有，有了孩子后，我和我周围的朋友、同学和同事大都是自己独立带宝宝的，虽然很辛苦，但收获也很大。20 多年过去，事实也证明了凡是由父母亲自带大的宝宝（尤其 6 岁以前），家庭关系又和谐稳定的，孩子的成长、学业都让父母很放心。

　　近 30 年的儿科临床工作中，我天天接触大量的婴幼儿和家长，也发现一个有趣的现象：和父母关系比较融洽的孩子，看病时大多数都比较听父母的话，很少大哭、发脾气和烦躁不安，会主动配合医生做各种检查，按时吃药打针，不会因生病就变得极其娇气，黏着大人不放……

在和这些家长沟通和观察中，我发现他们在孩子出生后很重视与孩子的亲密相处，比如，孩子饿了，第一时间给他母乳吃；哭了，便耐心地加以抚慰；有了需求，则尽快给予回应；一有时间，就陪孩子玩耍；经常给孩子捏捏小手，揉揉小脚，读读故事……这些做法相当有效，孩子性格开朗大方，做事聪明灵活，身体非常棒，很少生病，即使生病了，痊愈得也很快。

因而我常常对身边准备要孩子的年轻人说，从打算怀孕那一刻开始，就要有身为父母的觉悟，就应该开始为和宝宝建立起良好的亲密关系而努力。比如，精心备孕，打好宝宝健康的基础；积极胎教，让宝宝在生命之初就接受良好有益的教育；调养身体，选择更有利于亲子关系建立的自然分娩方式；母婴同室，把握住建立宝宝安全感的良好契机；母乳喂养，进一步巩固母子亲密关系；多多拥抱，与宝宝同玩同乐同学习，相处平等亲切，让宝宝在爱的包围中，更健康的成长……从而给宝宝传递出这样的信息："孩子，你对我来说很重要"，让宝宝对父母产生足够的信赖和安全。而父母准确地接受了孩子的各种暗示和要求，了解自己的孩子，也会有一种成就感和幸福感。

但现在的爸爸妈妈大都是独生子女，没有兄弟姊妹，没有与小朋友共同生长的经历，自身都非常依赖父母。结婚后，从家里的娇娇女、小王子转身"成家立业"，为人妻，为人夫，为人父母……需要学习、思考的地方就多了，自顾不暇，自然而然难免出现"只生不养"的行为，把孩子交给老人或保姆带。殊不知，正是这种最省心省力的隔代抚养（保姆、亲人代养形式），阻断了父母亲与孩子之间最直接、最重要的情感连接。

孩子的成长是不可逆的，一旦错过就不能再来。在孩子的整个人生中，父母是无可替代的角色。身为父母，无论多忙，都不应该将自己的孩子"放"给他人全权代理，而应多花一些时间在孩子身上，注意与孩子的交流和互动，时时让孩子感觉到我们对他的爱。

要建立正面的亲子关系，父母还要明确一点，教育的目的是把孩子培养成一个真正的人，而不是满足家长虚荣心的一个物品，或者延续父母意志的复制品。另外，还要明白，培养的唯一方式就是挖掘孩子的内驱力，让他有意识地自我成长，而不是为了父母或者别的什么去努力。

育儿的过程，也是父母自我成长和修炼的过程！育儿先育己，想要孩子成为怎样的孩子，父母就要先做好父母，成为孩子模仿、学习的标榜，那么，孩子也准差不到哪儿去。

衷心希望本书能给身为父母的您带来些触动，让您的育儿过程变得更加简单和愉快，亲子关系更加亲密和谐！

王友爱

# 目录 | Content

## Part1  怀孕，亲密关系的最初建立

**1."好孕"体质生出好带宝宝**

各孕夫妻身心处于最佳状态，生下来的孩子身体健康，也极容易和孩子建立起亲密关系。

**2.在轻松愉快的环境中好孕**

在孕育之初，你就可以和胎儿建立起或亲密或敌对的关系，这个决定权在你手中。

**3.怀孕并不是准妈妈一个人的事**

一个和谐、温馨的家庭环境，是确保胎教成效，顺利生出一个健康可爱宝宝的重要因素。

**4.胎教，建立亲密关系的关键**

胎教虽不能创造奇迹，却可以激发胎宝宝的内部潜能，顺利地和父母建立起亲密关系。

**5.孩子的好性情来自于胎教**

胎儿在子宫里的感受将直接影响到胎儿性格的形成和发展。

### 1. 自然分娩母子关系更亲密

分娩方式对母子间亲疏程度起着至关重要的作用。自然分娩比剖宫产更能使母子关系亲密。

### 2. 剖宫产更需尽快建立起亲密纽带

剖宫产的母亲和孩子之间的感情纽带有可能会出现问题，因而妈妈要充满爱意地多抱抱新生儿。

### 3. 母婴同室，建立宝宝安全感的良好契机

"育婴室里的宝宝越哭越糟，母婴同室的宝宝越哭越好。"母婴同室可以让妈妈和孩子"互相适应"。

### 4. "袋鼠式拥抱"：母婴肌肤相亲促成长

"袋鼠式拥抱"的温馨时刻，可以让宝宝在爱的包围中，更健康的成长。

## 1. 吮吸母乳，更容易建立起亲密关系

"吃谁的奶，跟谁亲"，母乳喂养是最直接、最有效培养母子关系的最佳契机。

## 2. 配方奶喂养：要牢记是人而不是奶瓶在喂奶

牢记是人而不是奶瓶在喂奶，能极大地满足宝宝的心理需求，使宝宝健康成长。

## 3. 给宝宝添加辅食需要有足够的耐心

给宝宝喂辅食时一定要循序渐进，不怕麻烦，宝宝才能在快乐的氛围中摄取足够的营养，健康地成长！

## 4. 断奶过程应该缓慢、充满爱

最好的断奶过程应该是温柔的、循序渐进和充满爱的，为宝宝创造一个慢慢适应的过程。

### 1. 把宝宝"贴"在身上，母子之间的"亲密增强剂"

把宝宝"贴"在身上，宝宝情绪更稳定，更有安全感，对周围的世界充满好奇心。

### 2. 与宝宝同睡，将夜间亲密育儿进行到底

与宝宝同睡，宝宝容易建立起安全感和信任感，弥补和妈妈在白天错过的亲密感。

### 3. 哭闹，建立亲子关系的良好契机

不要怕轻柔地抚摸和低声安抚会宠坏孩子，其实这是亲子互动的必然过程。

### 4. 让穿衣脱衣变成一项愉快的亲子活动

妈妈略用些心思，就可以把每一次的穿衣脱衣时间，变成亲子谈话或游戏的时间。

### 5. 洗澡：温馨的互动时刻

利用好洗澡这温馨的几分钟，可以极大地促进妈妈与宝宝的亲子关系。

### 6. 用母爱及时温暖宝宝心

满足婴儿的心理需求，培养婴儿健康的心理，需要父母的精心呵护，并以爱来促进宝宝的健康成长。

## 1. 抚触，用指尖传递暖暖的爱

任何一个小动作，任何一次接触，都是你和宝宝共同的心灵语言。

## 2. 亲子操——通过肢体接触加深心灵沟通

亲子操大大增加了亲子间肢体的接触，可谓是一种寓教于乐的一种亲子运动。

## 3. 小儿推拿——爱的治愈，陪伴宝贝健康成长

推拿有助于营造出一个温暖、积极的亲子氛围，让宝宝感受到妈妈浓浓的爱意。

**1. 爱玩的孩子更聪明**

"智慧并不在研究生院那高不可攀的山峰上，而是在儿童玩耍的沙堆里。"只有在快乐中成长起来的孩子才是"真正健康"的孩子。

**2. 陪孩子一起成为幸福"玩童"**

陪孩子一起玩，不仅可以拉近和孩子的距离，还可以让孩子心理更健康。

**3. 亲子阅读，父母与孩子间更积极的对话**

亲子阅读是父母与孩子间更积极的对话，是维系亲子关系的一条纽带。

**4. "袋鼠时间"：共享亲密相处时光**

家庭融洽温暖，家人相亲相爱，注重的是相处时间的"质"，而不是量。

# 引子：和孩子一起亲密成长

亲子之间的亲密关系，是我们一生中最重要的关系。因为，在所有的人际关系中，它最没有距离。没有距离的接触，是我们生就的需要和渴望。

有一个经典的绒猴实验：

心理学家在笼子里，给幼小丧母的猴子安排了两只假猴子。一只用铁丝做的，负责喂养幼猴母乳；另一只是用绒布做的。实验者发现，除了吃母乳，幼猴在玩耍或受惊扰时，都喜欢呆在绒布猴子的身边。

这说明，除了基本的生存需要之外，幼猴最需要的是温柔的触碰。

我们从最初的照料者（通常是父母）那里获得的情感连接影响着我们的一生。父母积极的抚养行为和正确的亲密方式，对孩子将来的认知发展和个性形成有着极为深远的影响，不但会使宝宝聪明、健康、快乐，更亲近父母，也为今后理想的亲子关系打下基础。

如果一个孩子从小没有得到足够的爱和温暖，长大后他就发展不出成熟的道德感和责任心来，就没有内疚的能力，也没有自我反省的能力，这让他对自己的逻辑——"我的痛苦烦恼，都是别人造成的"——非常执著，由此，他们很容易被激怒，动辄将责任归咎于人，极易产生报复、破坏之心，很难控制自己的行为，并且也很难被改造。

1973 年，美国心理学家玛丽·爱因斯沃斯采用陌生情境测验，研究婴儿和母亲之间情感依恋方面的特点。这一陌生情境大体包含 8 个片段：

| 片段 | 现有的人 | 持续时间 | 情境变化 |
|---|---|---|---|
| 1 | 母亲、婴儿和实验者 | 30秒 | 实验者向母亲和婴儿作简单介绍 |
| 2 | 母亲、婴儿 | 3分钟 | 进入房间 |
| 3 | 母亲、婴儿、生人 | 3分钟 | 生人进入房间 |
| 4 | 婴儿、生人 | 3分钟以下 | 母亲离去 |
| 5 | 母亲、婴儿 | 3分钟以上 | 母亲回来、生人离去 |
| 6 | 婴儿 | 3分钟以下 | 母亲再离去 |
| 7 | 婴儿、生人 | 3分钟以下 | 母亲回来、生人离去 |
| 8 | 母亲、婴儿 | 3分钟 | 母亲回来、生人离去 |

在这一陌生情境测验中，幼儿有三种经典的反应模式：

第一种反应：当母亲在场时，会自由地进行探索、与陌生人打交道，在母亲离开时会表现得心烦意乱，并在看到母亲返回时高兴，可以继续进行探索。

第二种反应：对探索行为及陌生人感到焦虑，即使母亲在场亦如此，母亲的离开会使儿童极端沮丧，母亲返回时儿童会表现出矛盾心态：寻求保持与母亲的亲密但会怨恨，并且在母亲开始关注时进行抵抗。

第三种反应：在母亲离开或返回时几乎没有情感反应，无论是什么人在场，儿童都很少有探索行为，对待陌生人及母亲的态度没有什么不同，无论室内是否有人或有何人，儿童的情绪都不会有多大变化。

玛丽·爱因斯沃斯由此界定了亲子关系的三种基本类型：

**1. 安全型关系。** 妈妈在这种关系中对孩子关心、负责。体验到这种依恋的婴儿知道妈妈的负责和亲切，甚至妈妈不在时也这样想。安全型婴儿一般比较快乐和自信。

**2. 焦虑-矛盾型关系。** 妈妈在这种关系中对孩子的需要不是特别关心和敏感，即孩子的需要有时被忽视。婴儿在妈妈离开后很焦虑，一分离就大哭。别的大人不易让他们安静下来，这些孩子还害怕陌生环境。

**3. 回避型关系。** 这种关系中的妈妈对孩子漫不经心，孩子的需要经常得不到满足。孩子则对妈妈疏远、冷漠。当妈妈离开时孩子不焦虑，母亲回来也不特别高兴。

爱因斯沃斯认为，这些孩子长大成人并建立人际关系时，这些特点仍会显露出来。即婴儿身上发现的不同依恋类型也会适用于成人。

可见，母亲对新生儿的行为基本上可以预测儿童长大后的依恋类型。满足和享受亲密关系的母亲更可能使孩子也有同样的风格，缺乏安全感的母亲往往拥有多疑的儿童。事实上，根据其对母亲的依恋类型去预测儿童的依恋类型的准确性可以达到75%。

这是因为，宝宝刚出生时是很脆弱的，在很长一段时间，都需要依附于一个稳定的照料者（尤其是母亲）。而宝宝与照料者的关系，就是他们来到这个世界上的第一段关系，

这段关系如此根深蒂固，以至于成为他们一生的情感基础。

另外，父母日常育儿过程中的言行举止也决定着和孩子之间的亲密关系程度。从出生到3岁，是亲密关系最为活跃的形成时期，而在此后的一生中，这种亲密关系都需要被不断地强化。

显而易见，婴幼儿期看似简单的亲子关系，其实对孩子将来的心理健康和行为起着不可忽视的作用。父母如果没有把握好这个关键期，宝宝将来就会和父母比较疏远，并可能产生各种心理和个性上的问题，比如孤僻多疑，极度缺乏安全感，不善人际交往，容易离异等等。

我们所倡导的"亲密育儿"，就是在爱的前提下，提醒年轻父母在孩子各个成长阶段，采取科学的育儿方法和技巧，如尽可能母乳喂养，多抱抱宝宝，和宝宝一起睡，坚持做亲子抚触及亲子操，再忙也要陪孩子玩游戏，注意和孩子的情感交流等等，细心地呵护孩子，锻炼他们的各种社会生存能力，与孩子建立起健康安全的亲密关系，耐心地陪孩子慢慢长大。

新手父母通过育儿成长为真正成熟的家长，孩子则在这个生长过程中掌握生存所最基本的、必要的人格和能力。育儿过程其实就是将父母和孩子亲密地连接在一起，共同成长的人生历程。

希望本书能为您和您的孩子奠定一生的亲密关系起到一点作用，让孩子在一个温暖、充满爱和尊重的家庭氛围里聪明、快乐地健康成长。

# Part1
## 怀孕，亲密关系的最初建立

对于女性来说，得知怀孕的那一刻起，就会感到胎儿是自己身体的一部分，进而充满喜悦和自豪感，准妈妈的重心开始转向胎儿；与此同时，准爸爸也对准妈妈更加体贴呵护，共同为健康平安孕育一个新生命而做好经济、心理上的各种准备。这就是父母与孩子之间亲密关系的最初建立。

# NO.1 "好孕"体质生出好带宝宝

亲密 1+1

要想顺利怀孕，和胎儿形成良好互动，就需要夫妻齐心协力共同面对这一重大考验，不仅在心理上、物质上要有充分的准备，最为重要的还要有一个健康的身体，让身心处于最佳状态，这样才能为胎宝宝营造一个健康的成长环境，生出好带的"乖宝宝"。

### 合理饮食，吃出"好孕"体质

弱碱体质最利于受孕，所以为了播种最完美的基因，培育出漂亮健康的宝宝，夫妻要让身体始终处于优＋状态，避免吃掉"孕"气。

◎ 合理调配膳食，尽量偏蔬菜水果，少吃肉类等酸性食品。

◎ 男方每天补充点维 E，女方每天补充点叶酸。

◎ 不抽烟喝酒，不吃油炸、烧烤、可乐等不健康食品。

### 养成有利妊娠的生活习惯

不规律的生活、偏食、运动不足、压力等等都会使体质偏弱，其结果有可能导致不孕。所以，备孕夫妻应有意识地养成有利妊娠的生活习惯。

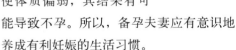

◎ 适时为生活减压，确保生活的规律性和健康性，让生命力恢复到本来应有的状态。

◎ 不论男女，日常衣着要注意血行畅通，不要穿紧身牛仔裤、紧身短裤这类束缚下身的衣裤或者贴身内衣。

◎ 身体受凉后基础代谢会受到不良影响，激素的平衡会被打乱。所以注意不要正对着空调吹冷气，并常沐浴来使身体保持温暖。

◎ 适当运动，做做广播体操，用上下楼梯代替电梯等，以提高基础代谢。

备孕夫妻按照上述方式把身体调整至少三个月后，再顺其自然要孩子。这样生下来的孩子身体健康，很少生病，带起来极其轻松，也极容易和孩子建立起亲密关系。

## 优生 1+1

## 制定孕前锻炼计划

女性若在孕前的半年到一年的时间里，制订并实施一个合理的运动计划，比如做做运动操等，能极大地提高生育能力，降低自己和婴儿在妊娠期面临的风险，并因此降低流产可能性。

### 胸部锻炼

紧实和提升胸部能提高肺活量，增强心脏摄氧能力以及更好地保持身体姿态，并能促进产后的形态恢复。

◆ 主攻问题：胸部下垂。

◆ 代表动作：仰卧飞鸟式。

◆ 动作要领：手提重物，以手臂为半径，在胸前画半圈。肩胛骨向后收拢。吸气外展，吐气还原。

仰卧飞鸟

防止胸部下垂

### 腹部锻炼

加强腹部肌肉的弹性，对怀孕时日渐加重的腹部大有益处。腹肌锻炼能使骨盆保持在正确的位置，确保胎儿的安全。盆腔内肌肉力量及控制能力的提高，有助于顺利生产，以及生产后的性能力恢复。

◆ 主攻问题：腹部赘肉。

◆ 代表动作：仰卧肘部触膝。

◆ 动作要领：腰部紧贴垫子，单脚离地，左脚屈膝与右肘触碰，右脚相反。配合均匀的呼吸，双脚交替进行。

仰卧肘部触膝

预防腹部赘肉

### 腿部锻炼

有力的腿部肌肉能帮助大腿在孕期更好地支撑身体，保证孕期体重增加后的正常生活。腿部训练能提高肌肉柔韧性，提升血液回流能力，减缓下肢水肿状态，从而提高整体身体技能。大腿后侧肌肉弹性差，韧带过于紧张会使臀部下垂。膝关节保护不当能使骨盆前倾以及下肢稳定性变差，增加受伤概率。

◆ 主攻问题：脚踝水肿。

◆ 代表动作：宽距分腿下蹲。

◆ 动作要领：挺胸收腹，膝关节垂直地面，脚尖向外。吸气时，身体上升，呼气时，下蹲。

◆ 主攻问题：大腿肌肉紧张、臀部下垂。

◆ 代表动作：箭步蹲。

◆ 动作要领：挺胸收腹，一脚向前迈开。呼气时后面的腿弯曲下压，吸气时还原。双腿交换前后位置进行。

### 背部锻炼

有力的背部肌肉，能更好地保护躯干，保持脊柱的中立状态，使内脏不受压迫，保证其功能的正常运转，使循环系统的工作能力发挥到最大限度，提升整体状态。

◆ 主攻问题：脊柱侧弯、腰椎间盘突出。

◆ 代表动作：单臂哑铃划船。

◆ 动作要领：

左膝和左手按放长凳上，上身与地面平行，右手抓握哑铃，右臂伸直。抬头眼前视，稍弓背。

上拉哑铃，屈肘，至腕部刚好在腰下，掌心向内。在最高点停约2秒钟，然后慢慢伸直胳膊还原，背部绷紧。伸直胳膊时拇指向内旋转右手使背阔肌充分伸展。

重复上述动作，直至完成一组训练。

完成一只手臂的一组训练之后，将哑铃换到另外一只手，跪在长凳上的膝盖和撑在长凳上的手亦做相应的调换。重复上述动作，直至完成一组训练，数量应当同另一只手臂一致。

## 提高怀孕几率的性交时机

为了提高妊娠的可能性，最好的办法是在包括排卵当日在内的排卵前后共五天之内性交。其中，怀孕成功率最高的日子是排卵的前一天以及排卵当日，这样做可以防止老化的卵子和精子受精。

### 提高妊娠几率的 6 个性交条件

2 选择明亮的性交环境。在光线充足的地方性交能够促成月经周期的规律性，从而提高受精能力。

3 在女性的出生月份性交。据说女性在自己的出生月份里受精能力会提高。

4 提高性兴奋度。通过前戏提高双方的兴奋度使激素的分泌更充分，从而让精子的进入和受精变得更容易。

1 10 月份至 5 月份之间。有报告指出，这期间的受精能力较高，妊娠成功率成倍增加。

5 早上性交。之所以推荐早上性交，是因为在这个时段由于男性激素的分泌量的增加精子的浓度会更高，性欲也更强。

6 放松心情。当双方都能放松心情享受性交的话能够提高性欲和兴奋度，会有意想不到的效果。

## NO.2 在轻松愉快的环境中好孕

亲密 1+1

世上竟然还有不吃妈妈奶的女婴？！真是不可思议。但这的的确确是发生在瑞典的一个真实的故事。

一个名叫克列斯蒂娜的女婴，长得很健壮，但是，她情愿去吸别人妈妈的乳汁或奶瓶的奶，也不愿吮吸妈妈的奶，每当妈妈把奶头对着她，她就会把头转过去。

调查后发现，原来妈妈在发现怀孕时打算流产，但因丈夫执意不肯才勉强生下了克列斯蒂娜。因此，克列斯蒂娜在胎儿期已经感受到准妈妈对自己的不欢迎，出生后就心怀不满，拒绝吃妈妈的奶，对妈妈仍存有戒心。

你知道么？在孕育之初，你就可以和胎儿建立起或亲密或敌对的关系。究竟和孩子建立哪种关系，决定权在你手中。

相关资料表明：夫妻不和及不幸的婚姻是造成胎儿躯体或精神方面障碍的重要原因。夫妻不和对胎儿的危害，要比孕妇在孕期生病、吸烟等造成的危害严重的多。特别是夫妻之间常发生争吵的话，就会影响妻子的情绪，即使怀孕了，也会影响到胎儿的健康。

中医强调"清心寡欲之人和，则得子定然贤智无病而寿"，也有力地证明了受孕时的心理状态与优生的密切关系。

因此，夫妻应避免在情绪波动较大的情况下受孕。

相反，如果夫妻双方在备孕期间能够调整自己的情绪，尽量减轻生活所带来的心理压力，在轻松、愉快的环境下受孕，将会孕育一个健康、聪明的宝宝，为亲密关系奠定良好的基础。

**优生 1+1**

### 夫妻要互敬互爱

夫妻间互敬互爱是共同创造温馨家庭的感情基础。丈夫不要"大男子主义"十足，认为自己是一家之主，一切自己说了算。

妻子也不要一心想慑服丈夫，动辄大发威风，使对方俯首帖耳，一切都凌驾于丈夫之上。只要夫妻之间做到相互尊敬，即使有点意见和分歧，也能开诚布公地妥善解决。

### 夫妻要互相理解

要创造好的家庭氛围，夫妻双方要相互理解。尤其是丈夫更要积极热忱地为妻子及腹内的孩子服务，扮演好未来父亲的荣耀角色，使妻子觉得称心，胎儿也感到惬意。在如此和谐的家庭氛围中生活，对母子的身心健康均大有裨益。

### 夫妻要互信互勉

夫妻间互信互勉是共同创造温馨家庭的心理保障。丈夫要多帮助和谦让妻子一些，使妻子心情愉悦地受孕怀胎。尤其是妻子怀孕以后，由于突然的生理改变，心理上也相应会发生一些变化，容易烦躁，也容易唠叨，这时丈夫要有君子之风，应更多地安慰妻子，这一点不容忽视。

### 夫妻要互谅互慰

夫妻间互谅互慰是共同创造温馨家庭的关键。在家庭生活中，夫妻之间相互体谅和抚慰，可以加深夫妻之间的感情。妻子怀孕以后，平日经常干的家务活不能胜任了，丈夫应体谅妻子，主动去承揽这些家务，并且还要多给妻子一点抚慰，这样才能使妻子安全顺利地度过妊娠期。

# 怀孕并不是准妈妈一个人的事

## 亲密 1+1

怀孕绝对不是准妈妈一个人的事情，其他家庭成员尤其是准爸爸的一举一动，甚至情感态度，都会影响到准妈妈和准妈妈腹中的胎儿。一个快乐、和谐、温馨的家庭环境，是确保胎教成效，顺利生出一个健康可爱宝宝的重要因素。

### 准爸爸的支持对准妈妈很重要

女人怀孕的开始，也意味着男人从丈夫向父亲角色的转变。可以说，怀孕是夫妻双方的事情，是夫妻双方共同的人生体验。

来自准爸爸的关怀及支持，能够让准妈妈心情愉快。准爸爸一个爱的眼神，一个细微的体贴，都会让准妈妈整天洋溢着幸福。例如，准爸爸可陪准妈妈短途旅游，或者在附近公园、小区散散步；平时帮着做点家事，或者陪准妈妈一起选婴儿衣物，

观看喜剧电影，开适度的玩笑，幽默风趣会使准妈妈的感情更丰富；也可以安排准妈妈与久别的亲人重逢等。切不可让妻子整天抱怨叹气，心情低落，甚至夫妻反目。一些报道表明，脾气暴躁的孩子往往出生在夫妻关系不和谐的家庭。

### 准爸爸要尽可能多地关注胎儿

由于小生命在可以感知外界环境之初就和准妈妈的身体非常密切，因此很多孩子在出生后，往往和妈妈容易建立起亲密关系，却和爸爸显得有些陌生，这让爸爸感到极其失落。不过，这种状况可以通过准爸爸持之以恒地参与胎教来预防。

准爸爸日常尽可能多地关注胎儿的存在，并且在胎儿的成长过程中始终伴随在妻子左右，就能有助于孩子出生后记住来自于父亲的认知。比如，准爸爸可以每天抽点时间和胎儿对话，与胎儿建立感情，用你低沉且富有吸引力的嗓音，告诉孩子

你是多么期待他的到来；晚上躺下睡觉时用手抚摸妻子的腹部，给胎儿哼催眠曲等等。

这些做法虽然很简单，但能使家庭生活变得更加融洽，有效避免夫妻因日常生活中的小摩擦而产生误会，孕妇心情时刻保持舒畅，把愉快情绪传给胎儿，自然对胎儿大有裨益。

当孩子出生后，和自己亲密地咿呀玩耍时，丈夫就会意识到，在妻子怀孕之初就参与胎教工作是多么的有先见之明。所有的辛苦与时间、精力上的付出，都是那么值得！

## 家庭成员要注意营造温馨和谐气氛

千万不要小看家庭成员在孕育过程中的重要作用。受传统重男轻女思想的影响，一些老人尤其是爷爷、奶奶往往希望生一个"带把儿"的小孙子，而不想要孙女。这样就势必会给孕妇带来心理压力，或其他不良影响。

因而老人应告诉孕妇不管是生儿还是生女，自己都会十分高兴，不给孕妇造成压力，这样才能保证胎儿在温馨的氛围里健康成长。

另外，怀孕期间孕妇情绪不稳，容易娇气、任性等，家庭成员应该给予孕妇热情的帮助和充分的体谅、理解，不要指责、埋怨她。因为指责等消极语言，对于孕妇是一种不良刺激，势必影响胎儿的发育。

为了养育一个健康聪明可爱的宝宝，爷爷奶奶、外公外婆和准爸爸一定要主动配合，注意说话方式态度以及行事方法，做到相互谦让、说话和气、行事谦和，为胎宝宝成长创造一个良好的家庭氛围。

## 优生 1+1

### ● 准爸爸 4 注意事项

**适当调节准妈妈的情绪**

准爸爸在妻子的整个妊娠过程中始终是不可缺少的，如果妻子在孕期遇到棘手的问题，或者情绪低落，准爸爸应鼓励妻子，给她以力量，帮助她树立坚强的信念，这同时也会鼓励胎儿同妈妈一起来战胜困难，培养胎儿的坚强性格。可以说，孕妇的心理调理过程，同时也是胎教的过程。

**克制房事**

妊娠初期和后期，夫妻同房容易导致流产、早产或阴道感染；在产前一个月如果性生活频繁，可引起胎儿呼吸困难和黄疸等。孕妇对性的要求多半不高，因此克制房事的主要责任在准爸爸身上。

**做好后勤保障工作**

为了胎宝宝的健康，准妈妈需要大量营养。如果营养不足，胎宝宝不但体质差，而且胚胎细胞数目以及核酸的含量也会比正常低，这将影响胎儿出生后的智力。

因此，准爸爸一定要千方百计妥善安排好准妈妈的饮食，保证营养物质的摄入，以保证母子身体健康。

另外，准爸爸还要关心、体贴准妈妈，挤出时间多陪陪准妈妈，帮助准妈妈操持家务，减轻体力劳动。

准妈妈腹部膨大，活动不便，操劳过度或激烈运动会使胎儿躁动不安，甚至流产。

准爸爸要自觉地多分担家务事，不要让准妈妈做重活，要让她有充分的睡眠和休息。在乘汽车、逛商店时，要保护准妈妈，避免腹部直接受到冲撞和挤压。

### Tips

大量相关研究证明，如果准爸爸准妈妈能够重视胎教，不断与胎儿对话，给胎儿传送温馨快乐的信息，胎儿发育就很好。经过如此胎教的婴儿具有如下良好特征：总是笑呵呵的；夜间不爱哭闹；说话较早；理解能力和接受能力强；性情活泼，喜欢和他人接触；右脑发育好，有较强的乐感。

### 要做好孕前心理准备

丈夫也会有许多的心理压力。比如担心妻子教育孩子的能力与经验；担心成为母亲后的妻子将情感转移到孩子身上，完全忽略掉自己；担心因为照顾妊娠期的妻子而承担过多的家庭事务，从而影响自己的事业发展；担心妻子因为妊娠与分娩在形体与性格方面发生太大的变化……

首先，丈夫当真诚渴望妻子的怀孕，渴望未来宝宝的来临。其次，丈夫要细心关注妻子的心理状态，和妻子一起学习孕产知识。最后，也是最重要的，丈夫要真诚地支持妻子平安度过孕期与生产全过程。

## 我国古代胎教 6 大要点

### 调情志

是古人所说的女性怀孕后所发生的情志变化。妊娠是女性生理上的一个特殊过程，怀孕后女性不仅生理上要发生一系列变化，心理上也会产生相应的反应。

### 适劳逸

人禀气血以生，胎赖气血以养。因此，怀孕后要注意劳逸结合，注意不可贪图安逸，也不可过于劳累。

### 忌房事

房事即为夫妻性生活。尽管房事为受孕怀胎提供了必要条件，但受孕之后，房事必须有所节制。

### 慎寒温

寒温就是自然界冷热气候的变化。孕妇怀孕后生理上发生特殊变化，很容易受六淫（风、寒、暑、湿、燥、火）尤其是风寒的侵扰，容易感染疾病，严重者会危及胎儿。

### 戒生冷

孕妇怀孕后常喜欢吃一些生冷的食物。中医认为，生冷食物吃多了会伤及脾胃，呕吐、腹泻、痢疾等病症就会乘虚而入，对孕妇和胎儿都有损伤，对此一定要慎重。

### 节饮食

饮食对于孕妇和胎儿都很重要，饮食是母体的重要营养来源，而母体的气血是胎儿的营养来源。因此，孕妇的饮食对胎儿的发育有直接影响。

# NO.4 胎教，建立亲密关系的关键

### 亲密1+1

大量相关研究证明，如果准爸爸准妈妈能够重视胎教，不断与胎儿对话，给胎儿传送温馨快乐的信息，胎儿发育就很好，更能顺利地和父母建立起亲密关系。一般说来，亲密胎教可以从下面几方面着手：

### 记下怀孕的过程

准妈妈可以用纸笔记下胎儿不断发育的过程，记下生活中的快乐希望，记下怀孕期间感受的点点滴滴。准妈妈还可通过写日记，把心中的郁闷担忧发泄出来，通过自省的工夫，从正面得到自我肯定。这也是一个最有意义的纪念品，当自己的孩子长大之后，将为人父母时，这本准妈妈的日记也许会是再好不过的胎教指南。

### 柔和的音乐

尖锐嘈杂的声音会使胎儿受到惊吓，手舞足蹈，心跳加快；柔和的音乐，特别是节拍与母亲心跳接近的音乐，可使胎儿脑波出现与精神有关的电波。这一点可以从超声波及胎儿监视器的观察得到证实。

所选择的音乐，一定是妈妈所喜欢听的，而不能为了胎儿勉强去听自己不喜的所谓胎教音乐。可以这样想象，让从不听古典音乐的人，勉强去听莫扎特，实在是不太容易，有时简直是虐待。只要听得舒畅愉快，民谣小调又何妨？轻松的情绪，安详的气氛，才能刺激胎儿脑细胞的成长，促进胎儿和母体建立亲密关系。

置 Part1 · 怀孕，亲密关系的最初建立

**透过说话传达母爱**

科学研究显示，准妈妈的声音会随着血液，清楚地传到宫内，所以，胎儿最先听到的是妈妈的声音。因此，准妈妈不妨常吟唱些轻柔简单的歌谣，不仅胎儿安详快乐，准妈妈自己也会很享受。

例如，准妈妈可以把自己对周围事物的感受告诉胎儿，比方说，在吃饭时说："宝宝，今天我们吃番茄炒鸡蛋，妈妈最喜欢吃了，红色的番茄，金黄的鸡蛋，还有碧绿的葱花，嗯！好好吃！妈妈先帮你吃一口，以后你也会喜欢吃的。"

诸如此类，这些可不是发神经的自言自语，这是准妈妈跟宝宝在进行爱的交流。准妈妈常常抚摸自己的肚皮，感受胎儿的活动与成长。这些亲密行为，都能让准妈妈洋溢着快乐，而出生后的宝宝，在听到这些熟悉的声音，感受到这些熟悉的动作时，会更有安全感。

**尽量保持心情愉快**

工作忙碌的职业妇女，或是居家工作环境并不是那么幽雅安静的准妈妈，要尽量保持内心的平静安详，保证夫妻一体，心中有爱。这种美好的心情，能够让胎儿感受到母亲的庇护，充满祥和、安全的感觉。没有什么比这些更重要。

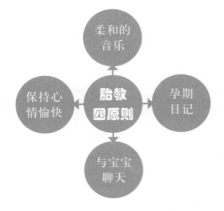

总之，胎教虽不能创造奇迹，却可以激发胎宝宝的内部潜能，让他们在生命之初接受良好有益的教育。如果你想拥有一个健康、可爱、乖巧的宝宝，如果你想和自己的宝宝亲密无间，心有灵犀一点通，就不能把胎教简单化、形式化！好了，为了宝宝，准爸爸、准妈妈现在就开始行动吧！

## 受过胎教的孩子更聪明

### 总是笑呵呵的，不爱哭

受过胎教的婴儿虽然在饥饿、尿湿和身体不适时也会啼哭，但得到满足之后就会停止，有较强的感应能力，容易养成正常的生活规律。

### 学发音较早

受过胎教的婴儿 2 个月时会发几个元音，4 个月时会发几个辅音，5～6 个月发出的声音就可以表达一定的意思。

### 右脑发育好，有较强的乐感

受过胎教的孩子一听见音乐就会非常高兴，并随韵律和节奏扭动身体。

### 心理行为健康

这些宝宝一般情绪比较稳定，活泼可爱，爸爸妈妈会觉得孩子好带，与整天笑呵呵的孩子在一起，家人也会发现有无限乐趣。

### 性情活泼，喜欢和他人接触

受过胎教的孩子能较早与人交往。婴儿出生 2～3 天就会通过小嘴张合与大人"对话"，20 天左右会逗笑，2 个多月就能认识父母，3 个多月就能听懂自己的名字。长大后也极容易和父母建立起亲密关系，不容易出现代沟问题。

### 说话较早，入学后成绩也比较优秀

实验证明，经过胎教和早教的孩子 9～10 个月时就会有目的地叫爸爸妈妈，在 20 个月左右便能背诵整首儿歌，也能背数。需要注意的是，如果孩子出生后不继续加以发音和认物训练，胎教的影响在 6～7 个月时就会消失。

### 理解能力和接受能力强

受过胎教的孩子能够较早地理解语言，显得非常聪明可爱。在 4 个半月时就能认出第一件东西，在 6～7 个月时就能辨认手、嘴、水果、奶瓶等。他们能较早理解"不"的意思，早期学会服从"不"，所以，这样的孩子更懂事、更听话。他们较早就能用姿势表达语言，例如"欢迎"、"再见"、"谢谢"等动作，也能较早理解别人的表情。

### 有浓厚的学习兴趣

受过胎教的孩子喜欢听儿歌、故事，喜欢看书、看字，在他们还不会说话的时候，就拿书要妈妈讲，他们有惊人的学习汉字的能力，智能得到超常发展。

### 双手精细运动能力发展良好

受过胎教的孩子手抓握、拿取、拍、打、摇、对击、捏、扣、穿、套等能力强。

### 运动能力发展很好

受过胎教的孩子抬头、翻身、坐、爬、站、走都比较早，而且动作敏捷，协调。

## 0～10 月胎教日历重点

| 孕期 | 胎教重点 |
|---|---|
| 0～1月 | 准妈妈要经常散步，听舒心乐曲，调节早孕反应，避免繁重劳动和不良环境。准爸爸应体贴照顾妻子，主动承担家务，常陪妻子消遣。做到居室环境干净整洁，无吵闹现象，不过量饮酒，不在妻子面前抽烟，节制性生活。 |
| 1～2月 | 准妈妈要散步、听音乐，做孕妇体操，避免剧烈运动，不接触狗猫等宠物，净化环境，排除噪音，保持情绪稳定，制怒节哀，无忧无虑。准爸爸需停止房事，以防流产。主动清理妻子的呕吐物，关心妻子饮食状况，及时为妻子配制可口的饭菜。 |
| 2～3月 | 准妈妈要听欢快的乐曲，还要为胎儿做体操：早晚平躺在床上，放松腹部，手指轻按腹部后拿起，每次 5～10 分钟即可。这段时间最容易流产，因此，准妈妈要停止激烈的体育运动、体力劳动、旅行等，日常生活中要避免过度劳动，注意安静。 |
| 3～4月 | 准妈妈要多听音乐或哼唱自己喜欢的歌曲，还需要做胎儿体操。准爸爸可将报纸卷成筒状，与胎儿轻声说话或念一些诗文。同时，丈夫和孕妇应多看一些家庭幽默书籍，以活跃家庭气氛，增进夫妻情趣。这个时期，孕妇身心愉快，胎内环境安定，食欲会突然旺盛。此时，胎儿进入急速生长时期，因此需要充分的营养，要多摄取蛋白质、植物性脂肪、钙、维生素等营养物质。 |
| 4～5月 | 准妈妈要做胎儿体操：主动轻抚腹部，将耳机调到适度的音量在腹上放几分钟左右欢快乐曲。每天早、晚与胎儿打招呼："宝宝，早上好！""宝宝，晚安！"如此等等。这个期间准妈妈要少食多餐，多吃富含铁的食物，如海藻，绿色蔬菜，猪、牛鸡等的肝脏。同时，准妈妈要注意补血，防止发生贫血。从这时起，开始乳头的保养，为授乳做准备，也可以开始安排一些育儿用品和产妇用品。 |
| 5～6月 | 准妈妈帮助胎儿做运动：晚 8 时左右孕妇仰卧在床上放松，双手轻轻抚摸腹部 10 分钟左右，增加与胎儿的谈话次数，给胎儿讲故事、念诗、唱歌、哼曲。每次开始前，叫胎儿的乳名，时间 1 分钟。这个月孕妇要充分休息，睡眠充足，最好中午睡 1～2 小时。 |
| 6～7月 | 准妈妈要坚持帮助胎儿运动，给胎儿讲画册、色彩及动物形象、动物运动和性格特点。准爸爸应多陪妻子散步、做操、听音乐、看电视（但不要看刺激性太强，情节太激烈的）、会朋友、看书画展、玩轻松活泼的游戏等，以减轻压力、增加愉悦。 |
| 7～8月 | 准妈妈要持续帮助胎儿运动，要多与宝宝沟通，随时告诉宝宝一些身边的有趣的事情，并告诉宝宝："你快要出生了！""你将降生在一个和谐、幸福的家庭……" |
| 8～9月 | 准爸爸准妈妈要帮助胎儿运动，与胎儿一起欣赏音乐，较前几个月胎教时间可适当延长，胎教内容可适当增加。另外，孕妇要少吃多餐，以多营养、高蛋白为主，限制动物脂肪和盐的过量摄入，多吃富含微量元素和维生素的食物，少饮水。 |
| 9～10月 | 在各种胎教活动正常进行的同时，孕妇应适当了解一些分娩知识，消除恐惧心理，保持愉快的心态。要养精蓄锐，避免劳累，早晚仰卧，练习用力、松弛的方法，为分娩做准备。 |

# 孩子的好性情来自于胎教

亲密 1+1

你知道吗？胎儿的性格可以塑造。不信你可以仔细观察一下身边的孩子，是不是每个孩子的资质、个性都不太一样？再仔细和妈妈们聊一下，你就会发现，凡是特别体贴与懂事的小孩，肯定是她们跟丈夫互动最恩爱、最甜蜜的那段时间所生的；相反，如果丈夫不在身边，或者和丈夫整天吵吵闹闹、哭泣掉泪的，生出来的孩子往往就会个性别扭，比较难带。

可见，人与人性格存在个体差异，早在胎儿时期就已表露出来，有的安详文静，有的活泼好动，有的淘气调皮，有的孤僻沉闷……这既和先天神经类型有关，也与怀孕时胎儿所处的内外环境有关。

**先天和后天两种因素影响人的性格形**

成。就先天而言，与父母性格的遗传基因有关，也与出生前胎儿在子宫内所受到的影响有关；后天因素则是在其出生后的社会实践过程中逐步形成的。

如果准妈妈生活在和谐、温暖、充满慈爱的家庭，胎儿幼小的心灵将受到同化，潜意识里等着自己那个美好的世界，逐步形成热爱生活、相信自己、活泼外向等性格。相反，如果准妈妈生活在充满了吵架、打骂甚至充满敌意的怨恨、离婚等不和谐、不美满的家庭氛围中，或者准爸爸准妈妈不欢迎小宝宝的到来，从心理上排斥、厌恶小宝宝，胎儿也会体验到周围的冷漠、仇视，形成孤寂、自卑、多疑、怯弱、内向等性格。

胎儿在子宫内的心理体验为以后的性格形成打下基础。准妈妈的子宫是胎儿所接触的第一个环境，胎儿在这个环境里的感受将直接影响到胎儿性格的形成和发展。

所以，如果准备孕育下一代的话，夫妻双方就必须要塑造适合生儿育女的环境，感情和谐，所接触的环境与人、事、物都是快乐、美好的，这样一来，生出来的孩子自然就会比较优质，和父母感情深厚，容易建立起亲密关系。

## 优生 1+1

### 准爸爸要有"精神刺激"意识

准爸爸有意识地对准妈妈进行"精神刺激"，实际上就是准爸爸逗着准妈妈玩，时常制造一些小惊喜，使准妈妈有片刻的情绪波动，并且让准妈妈的这种情绪波动影响胎儿，使胎儿得到锻炼。下列有益的刺激，能为胎儿日后养成坚强、自信的性格奠定基础。

例一：不少准妈妈在怀孕早期会出现恶心、呕吐、厌食的情况，这时，如果准爸爸把一份亲自做的酸甜可口、色香味俱全的美餐放在准妈妈面前，说："亲爱的，看我特地为你和小宝宝做了一份好吃的。"当准妈妈看到准爸爸亲自做了她平时最爱吃的美餐，她一定会很感动，并为准爸爸对她和胎儿的关爱感到无比欣慰，食欲大增。

例二：到了孕中期，准妈妈能明显感觉到胎动，胎儿有时文静，有时乱踢乱动。这时，准妈妈往往会产生各种猜测，想的最多的便是胎儿的性别，怕生了女孩准爸爸不高兴，家人不喜欢。此时，准爸爸可以和准妈妈猜猜小宝宝是男还是女，准爸爸可以先装出喜欢男孩、讨厌女孩的表情，刺激准妈妈，然后再解释，无论生男生女都非常高兴。

例三：准爸爸可以在准妈妈怀孕后期，为准妈妈买一件纪念品，或趁准妈妈不备时给将要出生的小宝宝买漂亮的衣物，悄悄放在床头，给准妈妈一个意外的惊喜。

Tips：

"江山易改，禀性难移"，一旦不良性格形成，要想改变是很困难的，因此，为了宝宝一生的幸福，准爸爸准妈妈要抓住这一关键时期，争取在娘胎里就为胎儿提供一个良好性格形成的氛围，创造出充满温暖、慈爱、和谐的生活环境，避免各种不良的刺激，让胎儿拥有一个健康美好的精神世界，使其良好性格的形成有一个理想的开端。

### 准妈妈要以身作则

胎儿接受准妈妈的影响是自然而然的，特别在胎儿 6 个月以后，能把感觉转换为情绪。因此，在怀孕过程中，准妈妈要时刻注意当好胎儿的老师，塑造胎儿良好的性格。

研究表明，准妈妈的精神状态、情感、行为、意识可以引起体内激素分泌异常，影响到胎儿的性格形成。如果准妈妈能积极对待孕期反应带来的烦恼，坚强地克服怀孕后期和分娩中的痛苦，这种坚强的意志会影响到胎儿，为胎儿出生后能有自尊自强、勇于与困难作斗争的好性格打下基础。反之，如果孕妇心情忧郁，缺乏活力，胎宝宝出生后就爱长时间啼哭，长大后感情脆弱，比较抑郁。

### 实施性格胎教三注意

| | | |
|---|---|---|
| 第一，为了能使准妈妈有一个意外的惊喜，准爸爸要在准妈妈毫无心理准备的时候进行； | 第二，准爸爸要选择准妈妈心情最好的时候，如果准妈妈心情不好，有一些烦恼，对胎儿不利； | 第三，准爸爸对妻子精神上的刺激不能过强，只能是小小的、短暂的、心情愉悦的。 |

### 家庭气氛对孩子性格的影响

| 家庭类型 | 对孩子的影响 |
|---|---|
| 暴躁型 | 在暴躁型的家庭里，从早到晚弥漫着"火药味"。埋怨、责骂、争吵、打架的声音，此起彼伏。在这种家庭长大的子女，敏感、聪明、急躁、好强，有成才的希望，但如不加以引导教育，很有可能走上邪路。 |
| 冷淡型 | 冷淡型家庭最大特点是家庭结构不"紧密"，谁发生了什么事，大家不大关心。在这种家庭长大的子女，性格比较温和，但有些孤僻，他们遇事冷静，却缺乏敏感和热情，上进心也不太强。这样的子女，一般来说闯祸的可能性小，但也不会有太大的作为。 |
| 和谐型 | 和谐型的家庭最大特点是民主与尊重。家庭成员相互尊敬，彼此体贴、关心。如有矛盾，多是心平气和地协商解决。这种家庭的子女，多数性格开朗，待人有礼貌，有较强的上进心和较高的自觉性，比较容易接受教育。不足之处是胆子小，循规蹈矩，缺乏闯劲。 |

在轻松、愉快的环境下，将会孕育一个健康、聪明的宝宝，
为亲密关系奠定良好的基础。

# Part2
## 分娩，
## 拉开亲密接触的序幕

　　十月怀胎，面临分娩，在做出剖还是不剖之前，先看看一个研究结果吧。根据《儿童心理学及精神病学》研究结果报道，自然分娩可刺激产妇子宫颈和阴道产生激素，增强她们对婴儿的情感，对日后成为好母亲至关重要。剖宫产直接把宝宝从子宫取出，改变了母体分娩过程中"神经和激素体验"，可能使母亲与孩子的亲密程度降低。不过，不管做出什么选择，在经历了漫长的等待后，爸爸妈妈们终于把新生儿小心翼翼地抱在了怀里，开始了第一次亲密接触。

# NO.1 自然分娩母子关系更亲密

**亲密 1+1**

分娩方式对母子间亲疏程度起着至关重要的作用。相比较剖宫产而言，自然分娩可使母子关系更亲密。

美国耶鲁大学儿童研究中心观察 12 位初产妇，其中有自然分娩的，也有剖宫产的，让她们产后 2～4 周听自己孩子哭声录音。结果显示，与剖宫产相比，自然分娩母亲对孩子的哭声更敏感。

研究人员经分析得出一个结论，剖宫产采取在产妇腹壁开刀方式，直接把宝宝从子宫取出，改变了母体分娩过程中"神经和激素体验"，可能会降低产妇产后初期大脑灵敏度，使母亲与孩子的亲密程度降低。

而自然分娩时的阵痛，会导致产妇脑部产生剧烈活动，并能刺激产妇子宫颈和阴道产生激素，调节产妇情绪、动机和日常行为，从而增强她们对婴儿的浓厚情感，也会对婴儿的反应更敏感。这能极大地帮助她们日后成功照顾小孩。

另外，自然分娩的产妇产后感染、大出血等并发症较少，体力恢复快，容易早下奶，方便第一时间对新生儿进行哺乳。而且，自然分娩的宝宝免疫力强，这是因为在经产道时他们会随着吞咽动作吸收附着在妈妈产道的正常细菌，使自身快速拥有正常菌群。再者，自然分娩的宝宝经过产道的挤压作用，可将呼吸道内的羊水和黏液排挤出来，因而患肺病的概率也会大大降低。

如此可见，自然分娩对产妇和新生儿的健康都极为有利，也为母子亲密接触奠定了良好的基础。

Tips:

在选择分娩方式前，医院会对产妇做详细的全身检查和针对性检查，检查胎位是否正常，估计分娩时胎儿有多大，测量骨盆大小是否正常等。如果一切正常，孕妇在分娩时就可以采取自然分娩的方式。

## 优生 1+1

从阴道娩出后代是人类的自然本能，有统计数据显示，95% 以上的孕妇都是可顺利地通过阴道分娩生产的，难产率仅占 3.5% 左右。另外，顺产并不完全是听天由命的，有很多方法都可以帮你顺利地生下小宝宝，所以应尽量创造条件，提前作好准备，为顺产加几道防护锁，彻底打消准妈妈关于"顺产不顺"的担忧。

### 控制新生儿的体重

影响顺产的一大关键因素是胎儿巨大，而巨大儿的产生与孕妇营养补充过多、脂肪摄入过多、身体锻炼偏少有关。由此，孕妇要有意识地控制新生儿的体重，也就是控制自己的体重。

### 孕期最理想的体重

最理想的怀孕体重是：在孕早期怀孕（3个月以内）增加 2 千克，孕中期怀孕（3 ~ 6个月）和孕晚期（怀孕 7 ~ 9 个月）各增加 5 千克，即前后共增加 12 千克左右为宜。如果整个孕期增加 20 千克以上，就有可能使宝宝长得过大，这时就不宜选择顺产。

### 防止孕妇营养过剩

为保证顺产，准妈妈应注意保持孕期营养均衡，防止营养过剩，体重增加过快，可适当多吃新鲜蔬菜，保证蛋白质、矿物质和微量元素等的足够摄入，避免食用过多碳水化合物、油炸以及高糖高盐和刺激性食物，尤其要注意水果不能过量。

### 坚持做孕期体操

孕期体操锻炼可以增加腹肌、腰背肌和骨盆底肌肉的张力和弹性，使关节、韧带松弛柔软，有助于分娩时肌肉放松，减少了产道的阻力，使胎儿能较快地通过产道；孕期体操能有效控制孕期体重，抑制产前抑郁症的病发，帮助孕妇减缓心理压力，转移注意力给自己以信心。所以，孕妇要坚持做孕期体操。

### 脚腕运动

胎儿体重日益增加，为了能轻松行走，孕妇需要使自己的脚腕关节变得柔韧有力。另外，此体操还有助于消除妊娠后期的脚部浮肿。

◆ 仰卧，左右摇摆脚腕 10 次。

◆ 左右转动脚腕 10 次。

◆ 前后活动脚腕，充分伸展、收缩跟腱 10 次。

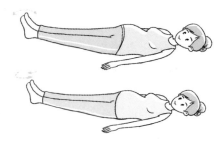

### 腿部运动

◆ 把一条腿搭在另一条腿上，然后放下来，重复 10 次，每抬 1 次高度增加一些，然后换另一条腿，重复 10 次。

◆ 两腿交叉向内侧夹紧、紧闭肛门，抬高阴道，然后放松。重复 10 次后，把下面的腿搭到上面的腿上，再重复 10 次。

### 腹肌运动

锻炼支持子宫的腹部肌肉。

◆ 单腿曲起、伸展、曲起、伸展，左右各 10 次。

◆ 双膝曲起，单腿上抬，放下，上抬，放下，左右各 10 次。

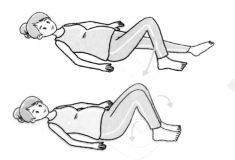

### 骨盆运动

放松骨盆的关节与肌肉，使其柔韧，利于顺产。

◆ 单膝曲起，膝盖慢慢向外侧放下，左右各 10 次。

◆ 双膝曲起，左右摇摆至床面，慢慢放松，左右各 10 次。

### 盆骶运动

放松耻骨联合与股关节，伸展骨盆底肌肉群。这样胎儿可顺利通过产道。

◆ 笔直坐好，双脚合十，用手拉向身体，双膝上下活动，宛如蝴蝶振翅。10次。

◆ 同一姿势，吸气伸直脊背，呼气身体稍向前倾。10次。

### 猫姿

这是振动骨盆的运动，可以缓解腰痛，还可以锻炼腹部肌肉，更好地支持子宫。

◆ 趴下，手与双膝分开。

◆ 边吸气边拱起背部，头部弯向两臂中间，直至看到肚脐。

◆ 边呼气边恢复到1的姿势，边吸气边前抬上身。

◆ 边呼气后撤身体，直至趴下。

◆ 重复10次。

### 吹蜡式运动

锻炼腹肌。产后可恢复松弛的腹肌。

◆ 仰卧，曲起双膝，将手指立于离嘴30厘米处。

◆ 把手指视为蜡烛，为吹熄烛焰而用力呼气。

### 电梯式运动

练习收缩阴道肌肉。

◆ 仰卧，与活动骨盆底肌肉群同要领收缩臀部，阴道肌肉，如电梯般上抬腰部。

◆ 从"1楼"到"5楼"分5层上抬，在"5楼"处保持2～3秒后，边呼气边分5层放下腰部。

## 定时做产前检查

孕妇定期做产前检查的规定，是按照胎儿发育和母体生理变化特点制定的，其目的是为了查看胎儿发育和孕妇健康情况，以便早期发现问题，及早纠正和治疗，使孕妇和胎儿能顺利地渡过妊娠期和分娩过程。

整个妊娠的产前检查一般要求是 9～13 次。初次检查一般在孕 4 个月，在怀孕 4～7 个月内每月检查一次，孕 8～9 个月每两周检查一次，最后一个月每周检查一次；如有异常情况，必须按照医师约定复诊的日期去检查。

## 矫正胎位

胎位是指胎儿在子宫内的位置与骨盆的关系。正常的胎位应该是胎头俯屈，枕骨在前，分娩时头部最先伸入骨盆，医学上称之为"头先露"，这种胎位分娩一般比较顺利。除此以外的其他胎位，就是属于胎位不正了，包括臀位、横位及复合先露等。

通常，在孕 7 个月前发现的胎位不正，只要加强观察即可。因为在妊娠 30 周前，胎儿相对子宫来说还小，而且母亲宫内羊水较多，胎儿有活动的余地，会自行纠正胎位。若在妊娠 30～34 周还是胎位不正时，就需要矫正了。

针对这种情况，孕妇可在孕产大夫的指导下，通过做膝胸卧位操进行矫正。孕妇排空膀胱，松解腰带，在硬板床上，俯撑，膝着床，臀部高举，大腿和床垂直，胸部要尽量接近床面。每天早晚各 1 次，每次做 15 分钟，连续做 1 周。 然后去医院复查。这种姿势可使胎臀退出盆腔，借助胎儿重心改变，使胎头与胎背所形成的弧形顺着宫底弧面滑动而完成胎位矫正。

胸膝卧位

胸部尽量贴近床面　　大腿与床面保持垂直

## 作好分娩前的准备

预产期前 1 个月，孕妇就应通过医生或书本来了解有关分娩的知识，作好心理准备。保持正常的生活和睡眠，吃些营养丰富、容易消化的食物，如牛奶、鸡蛋等，为分娩准备充足的体力。临产前，孕妇要保持心情稳定，一旦宫缩开始，应坚定信心，积极配合医生，顺利地分娩。

# 剖宫产更需尽快建立起亲密纽带

亲密 1+1

近年来，越来越多的年轻妈妈主动要求采取剖宫产的方法娩出胎儿，他们认为剖宫产快速、安全、无分娩痛苦，因此片面地认为剖宫产比自然分娩好。事实真的如此么？

《每日邮报》报道，英国产科医师迈克尔·奥登特经过大量的临床观察研究得出一个结论，选择剖宫产的母亲和孩子之间的感情纽带有可能会出现问题。

他分析说，导致这种情况产生的原因可能是，剖宫产阻碍了一种使母亲对孩子产生疼爱情感激素的分泌。

这位产科专家进一步分析道："在刚刚生育后的一段时间，妇女体内催产素的含量将达到她一生中的最大值，这个峰值具有极其重要的作用。因为正是这种激素的大量分泌使妇女和她的新生儿间建立母子亲情关系，并会使其忘记分娩时的疼痛。可以肯定的是当妇女接受完剖宫产手术生育时，她体内并不会释放出大量的亲情激素，所以她和孩子间的母子亲情不如正常分娩的情况深厚。她和孩子的第一次接触也不会像自然分娩那样亲密。"

显而易见，对产妇和宝宝来说，剖宫产虽然在特定时候有必要，且能拯救生命，但是引发的后续问题可能多于它的益处。因而，剖宫产的母亲需想方设法和孩子尽快建立起亲密纽带来。

其中，最为有效的做法就是，妈妈要充满爱意地多抱抱剖宫产新生儿。母婴之间密切的身体接触使他们彼此之间更容易了解。当妈妈把宝宝抱在身上看着他时，她就会对宝宝发出的信号作出迅速的反应。反应越快，婴儿就越容易获得安全感和满足感。

另外，日常相处时，父母也要多和剖宫产宝宝进行眼神接触，积极回应他的哭声，及时喂饱他，睡觉时陪在他身边……诸如此类的做法，都能让宝宝感到安全，继而为探索、学习以及今后的自立打下基础。

优生 1+1

## 剖宫产和自然分娩利弊

| 分娩方式 | 优势 | | 弊端 | |
|---|---|---|---|---|
| | 产妇 | 婴儿 | 产妇 | 婴儿 |
| 自然分娩 | ◆ 创伤小，利于产后恶露的排泄引流，发生产后出血、产后感染等并发症情况较少；无切口，或仅有会阴部位伤口；产后可立即进食，体力恢复快，母婴并发症少。 | ◆ 新生儿经过产道挤压，有利于胎儿出生后建立自然呼吸，患肺病概率低，具有更强的抵抗力，对孩子的生长发育有利。 | ◆ 产前阵痛，但可通过无痛分娩得到有效缓解。阴道松弛，泌尿系统防御机制减弱，但可以产后运动改善。自然产过程中，时间长，发生不可预料的情况多。 | 无 |
| | ◆ 会刺激产妇子宫颈和阴道产生激素，增强她们对婴儿的情感，并对孩子的哭声更敏感。对日后成为好母亲至关重要。 | ◆ 新生儿在产道内受到触、味、痛觉及本位感的锻炼，可促进大脑及前庭功能发育，对今后运动及性格均有好处。 | ◆ 如发生难产、急产、滞产，可能会有子宫膀胱脱垂、尿失禁等后遗症。 | |
| 剖宫产 | ◆ 手术指征明确，麻醉和手术一般都很顺利，可免去母亲遭受阵痛之苦。 | | ◆ 手术会增加产妇大出血和感染的机会，产后出现子宫破裂、肠黏连、肠梗阻等并发症的可能是顺产的 10～30 倍。 | ◆ 由于未经产道挤压，有 1/3 的新生儿肺液不能排出，出生后有的不能自主呼吸，易发新生儿并发症。 |
| | ◆ 腹腔内如有其他疾病时，也可一并处理，如合并卵巢肿瘤或浆膜下子宫肌瘤，均可同时切除。做结扎手术也很方便。 | 无 | ◆ 术后产妇疼痛的时间长，恢复时间也长，明显影响母乳喂养，不能第一时间和宝宝亲密接触。 | ◆ 剖宫产可能是 2 岁以前发生喘鸣和至少对食物过敏原发生过敏的另外一个危险因素。 |
| | ◆ 对已不宜保留子宫的情况，如严重感染、不全子宫破裂、多发性子宫肌瘤等，亦可同时切除子宫。 | | ◆ 直接把宝宝从子宫取出，改变了母体分娩过程中"神经和激素体验"，可能使母亲与孩子的亲密程度降低。 | ◆ 剖宫产儿的空间感、方位感、免疫力、平衡能力、克服困难的能力较顺生儿差。 |

## 剖宫产宝宝训练方法

剖宫产的宝宝出生时，没有经过产道的挤压，缺乏必需的触觉和本体感觉的学习，容易产生情绪敏感、注意力不集中、手脚笨拙等问题。

所以，家长在平日就要注意以引导、帮助和关爱的心态对待宝宝，做好宝宝的触觉、平衡能力和本体感等感觉统合训练，同时还要做好视觉、听觉、嗅觉和味觉的训练。

### 听觉刺激

◆ 追寻声音。宝宝出生 10 天后，就可以开始训练宝宝视听能力。如在宝宝清醒、情绪好的时候，可在宝宝看不见的地方，用拨浪鼓、摇铃等发出响声，通过让宝宝注意、追寻铃声，训练其注意力、观察力，促进视听协调，并能尽早发现视听障碍。

◆ 播放轻音乐或录有大自然中的各种声音的磁带。如大海波涛声、小溪潺潺流水声、小鸟鸣叫声、小狗小猫的叫声……促使宝宝听觉发育得更加灵敏。

### 视觉刺激

◆ 在距离宝宝眼睛 20 厘米远的地方，让孩子看看简单的对比鲜明、线条清晰的图片或东西。如黑白对比有轮廓的图案。

◆ 追视训练：家长用颜色鲜艳的玩具逗引宝宝并左右移动，让孩子的视线随着玩具而移动。

**视听刺激与动作结合训练**

宝宝4个月大以后，家长可选择颜色鲜艳的、形象逼真的图片或图书给他看，并且用简单明了的词语来讲图书或图片的名称。

利用带响的球、跑动的小汽车训练宝宝对远距离的追视和视听结合。

每次与孩子说话时要面对面、表情丰富地（包括喜怒哀乐的表情）注视着他，吸引孩子注视和倾听。或者家长在孩子看不见的地方呼唤孩子，促使孩子转头寻找发出声音的地方。

教孩子拍打双手，促使手的动作和发出的声音相配合。

**触觉刺激**

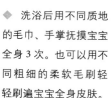

◆ 每天坚持给宝宝做抚触、按摩。

◆ 洗浴后用不同质地的毛巾、手掌抚摸宝宝全身3次。也可以用不同粗细的柔软毛刷轻轻刷遍宝宝全身皮肤。

◆ 家长多给孩子爱抚，每天进行搂抱，肌肤相贴。

◆ 让宝宝抓握不同质地的东西。

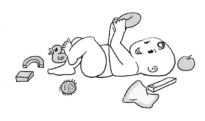

◆ 天气好的时候，把孩子抱出去，让孩子接触风等刺激，或让孩子通过冷热水的刺激。

◆ 大一点的孩子可领他出去活动，玩沙、玩水、游泳、赤脚走路等。或者用毛巾把孩子卷起来做卷蛋卷游戏，和小朋友一起玩需要身体接触的游戏等。

**Tips**

宝宝视听的发展对早期经验非常依赖，早期的视听刺激对宝宝来说非常重要。但要注意的是，小宝宝很容易疲劳，一般每次视听训练不要超过10分钟，以保证宝宝有充足的睡眠。

**本体觉和前庭平衡觉训练**

◆ 训练孩子翻身动作：仰卧→侧卧→俯卧，或者俯卧→侧卧→仰卧，帮助宝宝练习从左右两个方向翻动。

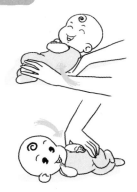

◆ 开始训练"拉"坐。

◆ 训练孩子从他人手中拿玩具，并一只手将玩具转到另一只手。

◆ 训练孩子准确抓住移动的物体，如转动的床铃，促使手眼动作更加协调。

◆ 训练宝宝前庭平衡能力。宝宝出生后的前3个月，家长可抱着孩子按照乐曲的节拍适当摇动身体，或让宝宝躺在摇篮里。等宝宝会坐后则可以玩坐毛巾游戏，把毛巾放在地上，让宝宝坐在上面，妈妈慢慢拉一边，宝宝身体会摇晃向斜后方倾斜。快要倒时，宝宝自己会保持协调，把身体倾向前方做俯卧的姿势，或者向后仰的姿势等。要让宝宝自然学会坐稳。

◆ 让孩子趴在保健球上，家长扶着孩子肢体上下左右摇动或旋转 15°～30° 左右。

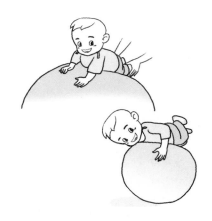

◆ 让宝宝多做左右翻滚、匍行、爬行，过山洞、玩亲子游戏如"飞机"升降等，等宝宝会走之后，可以有意识地训练他走路边石（马路牙子）、走平衡木、走直线、荡秋千和做旋转游戏等，这些运动都可以训练宝宝大脑的平衡功能和手脚的灵活与协调。

**NO.3　母婴同室，建立宝宝安全感的良好契机**

亲密1+1

所谓母婴同室，就是让小宝宝和妈妈24小时都同住在一起，在专业护理人员的指导下，作为家庭的新成员与家人尽早彼此适应，建立良好的亲子关系，也让新手妈妈对日后照顾宝宝更有信心。

当宝宝还在妈妈肚子里的时候，就已经熟悉了妈妈的心跳和声音。宝宝出生后，躺在妈妈的身旁时辨认出熟悉的声音，会感到非常安全和亲切。随着慢慢开始熟悉妈妈的气味，宝宝还能体验到母亲给予孩子一种特殊的抚慰，加深与妈妈的感情。

这种母婴之间早期的感情交流，从心理的角度考虑，对增加母子感情是非常重要的，对妈妈和宝宝的心理健康都是有益的。

"育婴室里的宝宝越哭越糟，母婴同室的宝宝越哭越好。"母婴同室可以让妈妈和孩子"互相适应"。通过在一起不断重复"发出信号（宝宝哭）——作出反应（妈妈抱、喂养）"的互动、对话，妈妈和宝宝之间能学会更好地适应，相互受益。

可以说母婴同室是建立亲子关系的契机，对母子双方好处都很多。

Tips

在母婴同室的时段中，爸爸可以和妈妈一起学习照顾宝宝，分享新生儿诞生的喜悦，不再觉得照顾宝宝只是妈妈的责任，并增进夫妻和亲子关系，拉近与宝宝的距离，回家之后也比较不会手忙脚乱。

## 育儿 1+1

### 母婴同室的 6 大好处

**学习育婴的技巧**

当医务人员对新生儿进行日常的护理，及做各项具体育儿常识的指导时，妈妈可以极其方便地边看、边听、边做，学会怎样给宝宝喂奶、换尿片、量体温等技巧，为日后的新生活奠定好的基础。

**了解宝宝的生活习性**

借着母婴共处的机会，妈妈可以观察宝宝在睡觉、喝奶、排便等方面的习性，对宝宝出院后的日常生活和作息安排有充足的打算。

**建立亲子关系**

借着直接参与照顾宝宝的机会，爸爸可以和妈妈一起学习育婴技巧，分担辛苦，分享喜悦。另一方面，宝宝也能感觉到妈妈和爸爸的爱护，这是建立亲子关系的重要时段，是父母和子女在未来形成良好亲情的基础。

**给宝宝安全感**

对刚刚降生的小宝宝来说，世界对他来说是完全陌生的，但只要待在妈妈身边，他就不会害怕，并试着感知周围。

**实现母乳喂养**

母婴同室绝对是母乳喂养成功的第一步。宝宝在妈妈身边不仅能喝到珍贵的"初乳"，而且分娩后的头三天是乳汁分泌的黄金期，妈妈的乳房会持续感觉到肿胀，看到宝宝的一举一动，听到宝宝的哭声，妈妈的乳汁分泌都会有所增加，靠宝宝的小嘴巴吸吮，还能促进妈妈的下奶量。

**有助子宫收缩**

从医生的角度来说，母婴同室是再好不过的宫缩药物。因为哺育母乳的关系，宝宝的吸吮会刺激催产素的分泌，能帮助子宫收缩，促进恶露的排出；同时，产后大出血的几率也会随之减少，有助于产后妈妈子宫的复原。

母婴同室
不同床

母婴同室
4 个注意
要点

亲朋好友
少探视

宝宝睡觉
时要采取
侧卧位

注意给新
生儿保暖

## 新生儿护理重点及异常信号

| | |
|---|---|
| **护理要点** | 创造安静的睡眠环境，保证宝宝充足的睡眠。 |
| | 精心呵护小肚脐，防止感染发脓。 |
| | 注意观察宝宝的大小便，及时发现异常现象。 |
| | 勤洗澡，保持宝宝皮肤清洁。 |
| **交流要点** | 温和地与宝宝说话，向宝宝介绍这个新奇的世界。 |
| | 爸妈要注意经常逗乐宝宝。 |
| | 面对宝宝时，表情要温柔可亲。 |
| | 勤做抚触，给予宝宝充足的皮肤接触，建立宝宝安全感。 |
| **异常信号** | 听到突然发出的巨大声音不会感到吃惊，或者对妈妈的声音没有反应，有可能听力有问题，要及时带宝宝去医院筛查。 |

## 衡量新生儿健康的 5 个指标

| | |
|---|---|
| **新生儿**<br><br>**健康指标** | 1. 宝宝出生后，哭声较响亮，啼哭之后开始用肺呼吸。出生后两周每分钟呼吸在 40~50 次之间。 |
| | 2. 宝宝出生后 24 小时内开始排便，开始两天大便呈黑绿色黏冻状，无气味。喂奶后逐渐转为金黄色或浅黄色。 |
| | 3. 新生宝宝的正常体重为 3000~4000 克，正常体温在 37~37.5℃，脉搏以每分钟 120~140 次为正常。 |
| | 4. 新生宝宝出生后就有觅食、吸吮、伸舌、吞咽等原始反射。 |
| | 5. 出生后 3~7 天新生宝宝的听觉、视觉逐渐增强，响声和较强的光都会引起宝宝的眨眼动作。 |

## 新生儿皮肤护理 8 大要点

新生宝宝的皮肤表面角质层很薄，皮层下毛细血管丰富，因此皮肤呈玫瑰红色，摸上去柔软光滑，让爸爸妈妈倍加爱惜。不过，宝宝的皮肤同其他器官组织一样，结构尚未发育完全，不具备成人皮肤的许多功能，至少还需 3 年的时间才可发育得和大人一样。因此妈妈在照料时一定要细心打理。

3
不能随便上药

2
清洁时注意皮肤
褶皱处

4
给宝宝脸上涂母
乳并不恰当

1
温水是最好的
清洁剂

5
衣物清洗、
消毒需彻底

8
摘掉金银首饰及挂
件，以免划伤宝宝
娇嫩皮肤

6
脸上"痘痘"
别用手挤

7
妈妈要修剪指甲，
动作轻柔

## "袋鼠式拥抱"：母婴肌肤相亲促成长

**亲密 1+1**

新生儿和妈妈最亲密的接触，应该像袋鼠妈妈和她育儿袋里的小袋鼠那样——赤裸的宝宝轻轻地依偎在你怀中，母子之间心贴着心，皮肤挨着皮肤。这种方法不仅简单易做，更重要的是它让宝宝在爱的包围中，更健康的成长。

有研究表明，宝宝出生后1个小时内，就抱到母亲身边，让他伏在妈妈胸前睡觉，与妈妈进行肌肤接触，并让这种状态持续一段时间，可以减少宝宝的应激反应、提高免疫力、促进消化吸收、减少哭闹、增加睡眠，有利于婴儿的生长发育，提升免疫系统的效率。

这种袋鼠式拥抱从心理学的角度来看也是一种非常不错的方法。因为它能促进婴儿脑部神经系统的发育、稳定其情绪，同时也令母亲得到放松，可以极大地增强母子之间亲密关系。心理学研究结果也证明，那些经常被触摸和被拥抱的孩子的心理素质要比缺乏这些行动的孩子健康得多。

儿科医生经过大量临床案例发现，拥抱和抚摸还有助于宝宝的疾病治疗。宝宝焦躁不安、受了委屈、生病等特殊时期，袋鼠式拥抱能有效减缓宝宝的焦躁感和沮丧情绪，减轻疾病带来的痛苦，在一定程度上转移宝宝对病、痛、委屈等的注意力。

袋鼠式拥抱最初是产生于一些发展中国家，为早产儿保持体温的一种方法。由于为早产儿调节体温是一件非常麻烦的事情，所以一般早产儿出生后都会马上被转移到育婴箱里。但在一些发展中国家，由于育婴箱数量不足，于是就将母亲和婴儿用布包裹起来，用母亲的体温为婴儿保暖。这种母子相拥的姿势看起来好像是袋鼠母子一样，所以被称为"袋鼠式拥抱"。

后来，科研人员发现，通过袋鼠式拥抱给婴儿保温比用育婴箱来保温效果更好。而且，带给婴儿的压力也要小一些，更有助于婴儿呼吸循环系统的稳定。此外，袋鼠式拥抱还可以大幅减少由于早产令母亲产生的罪恶感，以及由于和婴儿分离而给母亲带来的失落感。

自此，"袋鼠式拥抱"开始推广起来。爸爸妈妈对于1岁以内尤其是3个月之内的婴儿可以多抱抱，和他建立良好的母子感情，不必担心会抱成习惯，等孩子1岁后再慢慢训练。

## 育儿 1+1

### "袋鼠式拥抱" 实施做法

一个在父母拥抱中成长起来的儿童，往往更积极向上；相反，长期缺乏父母拥抱的孩子，不仅心理，其智力的发育也会受到不良影响。

因而，国际卫生组织（WHO）建议父母们采用"袋鼠式养育"，通过亲子之间抚摸拥抱来实现安全有效的亲子接触。

英国诺丁汉大学新生儿专家尼尔马洛发表评论说，"袋鼠育儿法"能巩固父母与孩子之间的亲情，而且可以改善母乳喂养的效果并缩短住院时间。他在接受《新科学家》杂志采访时说，"这种方法能够消除早产儿给母亲带来的恐慌，可以使母子建立健康的关系。

不要以为袋鼠式护理只能由妈妈才能做，爸爸同样可以。通过这种方式，小宝宝能及早地和妈妈或爸爸有肌肤相亲，这对于增进和巩固他们与父母的亲情，建立健康的母子和父子关系有很大的帮助。

要注意托着宝宝的头部

不要竖着抱及长时间久抱

**抱新生儿 4 个注意要点**

让宝宝紧贴左胸

多与宝宝交流

---

一岁以内宝宝

❶ 母亲裸露上半身，让婴儿睡在自己的胸脯上。

❷ 用稍大些的棉布盖住宝宝和妈妈，注意不要压着宝宝。

❸ 为了避免着凉，可把宝宝用舒适的毛巾裹住，妈妈身上穿一件稍微宽松点的外衣（最好是有纽扣的开襟式样的衣服，而不是那种披在身上的外罩），亲密地抱着宝宝。

一岁以上宝宝

❶ 每天都给孩子一个拥抱。让他们感到自己无论做什么，都有父母作为坚强的后盾。

❷ 在孩子高兴或伤心时，拍拍他的肩膀，可迅速拉近和孩子的距离，传递给他或支持或安慰的力量。

❸ 多对孩子微笑，保持有眼神交流，传递出你对他的善意、理解和支持。

❹ 时不时地摸摸孩子的脑袋，亲亲他的小脸，让他感受到大人对他的赞赏和鼓励。

当父母张开双臂拥抱孩子时，孩子接触到爸爸妈妈的体温，在身心放松的同时，也感受到父母用肢体传递给他们的动力，那就是"宝贝，你一定能行。"于是，这样的孩子更自信，遇到挫折时也不会感到孤独沮丧。

## 掌握拥抱时机，传递浓浓的爱

### ❶ 早晨拥抱

一夜醒来，叫孩子起床时，妈妈先亲切地问候他早上好，睡得香不香，然后给孩子一个大大的拥抱，可以让孩子感受到你对他的关爱，一天都有一个好心情。

### ❷ 下班后拥抱

孩子和你一天没见面，若你能在见到他的时候，先和他来一个熊抱，就能极大地弥补孩子因这种长时间分离带来的不安情绪。

### ❸ 睡前拥抱

晚上洗漱上床后，给孩子讲个温馨的故事，睡前亲亲他的小额头，道声晚安，并拥抱一下，能让孩子在温暖的氛围中睡个好觉。

### ❹ 接送孩子上学时拥抱

孩子上幼儿园，意味着他要和你分开一整天，早上送他到园后，拥抱一下他，能缓解其分离焦虑感。晚上接孩子回家，也先来一个拥抱，表达见到他的喜悦之情，可极大地促进亲子关系。

### ❺ 特殊时期拥抱

孩子焦躁不安时、生病时、受了委屈时、被别的小朋友欺负时……这些特殊时期，你的拥抱能缓解孩子的焦躁感，减轻疾病带来的痛苦，在一定程度上转移孩子对病、痛、委屈等的注意力。

## 心理学家给父母的建议

**美国著名教育专家和心理学家彼得·古帕斯曾给父母一个很重要的建议：**

0～3岁的婴幼儿必须要有父母拥抱，因为孩子在婴幼儿期，比较喜欢让家长抱着，而且多年的临床研究发现，爱抚、拥抱、按摩是对婴儿健康最有益、最自然的一种保健方法。它不仅能增强孩子的免疫能力和反应能力，而且还能增进对食物的消化和吸收，同时减少哭闹。

3～6岁的孩子很高兴父母拥抱他。他也经常跑到父母怀里或父母床上撒娇。

12岁左右的孩子由于自我意识的觉醒，需要父母注意拥抱他们的场合。

14岁以后处于青春期的青少年，情感渐趋外向，这时又很需要父母的拥抱。

Tips：

　　刚出世的新生儿，脑髓发育已为接受外界刺激提供了生理基础。在后天环境刺激下，大脑皮质进一步发育成熟。沐浴在母亲的爱河中，会促使小儿身心发育，故抱大的孩子更聪明。

# Part3
## 科学喂养，
## 决定着亲密关系程度

　　"饿了就会有人喂，怕了就会有人抱"，宝宝在成长过程中不断地将这些回应储存在脑海中，形成对外部世界的最初亲密认识。心理学家研究证明，我们从最初的照料者（通常是父母）那里获得的情感连结影响着我们的一生。父母积极的喂养行为和正确的亲密方式，对孩子将来的认知发展和个性形成有着极为深远的影响。

# NO.1 吮吸母乳，更容易建立起亲密关系

## 亲密1+1

俗话说，"吃谁的奶，跟谁亲"。可见，母乳喂养不仅仅是用来给宝宝补充营养，也是一种极其有效的爱的传递方式，是最直接、最有效培养母子关系的最佳契机。

研究人员以600对母婴进行的实验结果显示，出生后即投入母亲怀抱的婴儿比其他婴儿啼哭少，睡得熟，喂养更顺利，有利于生长发育。该项研究选择了两组母婴，一组出生后由母亲自己喂，另一组由别人喂。在前一组中，婴儿因经常得到母亲拥抱、抚摸和亲昵，在体格发育、智力增长、抗病能力方面，明显胜过后一组婴儿。

对宝宝来说，在哺乳过程中，母子间肌肤的密切接触、目光的互相凝视，妈妈对着宝宝温柔地微笑、说话，或者轻柔地摸摸他的小手、小脚和脸蛋等等爱抚动作，会让宝宝将吃奶的愉快与你的面庞、你的声音及你皮肤的味道联系起来，感受到你对他浓浓的爱意，并能使他获得身心的满足及安全感，对以后形成良好的个性十分有益。可见，母乳喂养不仅为孩子提供了物质营养，还提供了一种必不可少的"精神营养"。

对妈妈自身来说，虽然经常被孩子吮吸奶头，可能会造成乳房下垂等使身材不够完美的现象，但是利大于弊。当饥饿的婴儿停止哭闹，开始高兴有规律地吮吸乳头时，母亲会感觉到极大的满足感，此时母亲尤其愿意对婴儿做出迅速的反应，并产生强烈的感情。而且，母乳喂养可以促进子宫的收缩，帮助子宫收缩到以前大小，减少阴道出血，预防贫血。哺乳期间，排卵会暂停，也可以达到自然避孕的效果，有助于推迟再一次妊娠。另外，还可以减少患卵巢癌、乳腺癌的

危险，保护母亲健康。

那么，母乳喂养多久合适呢？一般建议母乳喂养至少 1～2 岁。妈妈可以根据自身条件决定母乳喂养时间，而不要轻信种种没有科学依据的观念，比如"母乳 6 个月以后就没有营养了"，"母乳不如配方奶粉有营养"，"母乳喂养超过 1 岁，孩子就会变笨"等，轻易放弃母乳喂养。

其实母乳无论在什么时候，都富含营养，如脂肪、蛋白质、钙和维生素等等，尤其是对孩子身体健康至关重要的免疫因子。幼儿自身的免疫系统要到六岁左右才健全，在这之前，长期的母乳喂养，等于为孩子建立起一道天然的免疫屏障，能够有效地预防诸多疾病的侵袭，比如耳道、肠胃和呼吸道等幼儿常见感染，以及幼儿癌症、少儿糖尿病、风湿性关节炎等重症。那些过敏体质的婴儿，更是应该母乳喂养至 1 岁以上。

与营养价值相等重要的，是长期母乳喂养对于幼儿心理和情感方面需求的彻底满足。延长母乳喂养，有助于巩固母子亲密关系、建立孩子的安全感。在孩子疲劳、受惊、烦躁或者悲伤时，吸吮母乳能够给予孩子最及时、最有效、最温馨的安慰，让孩子在需要帮助时，得到的是人的帮助，而不是物品（奶嘴、玩具、零食等）。

总之，健康科学的母乳喂养宝宝，得到的回报不仅仅是健康的宝宝，还有一位健康的妈妈和一颗健康亲子关系的种子。除了特殊情况，建议妈妈们尽可能地采取母乳喂养方式。

**不要对哺乳妈妈说的九句话**

1) 宝宝又在吃奶吗？

2) 宝宝只是把你当做安慰奶嘴吧？

3) 我现在用奶瓶喂宝宝，你去做些家务吧。

4) 宝宝怎么总是哭啊，是不是你的奶水不足啊？

5) 我们家的人奶水都比较少，不够宝宝吃的。

6) 你那么小的乳房能分泌充足的乳汁吗？

7) 你产假结束去上班，就该给宝宝断奶吧？

8) 你怎么仿佛连在吸奶器上了？总见你往外抽奶。

9) 别让宝宝吃奶的时候睡着，会让他养成不好的入睡习惯。

育儿 1+1

### 成功开奶 3 大注意事项

新手妈妈要进行母乳喂养，首先是开奶。这需要注意以下 3 点事项：

**1**
#### 妈妈要有好心态

新妈妈们要坚信，自己一定可以顺利地进行母乳喂养，而且乳汁的多寡根本不会受乳房的形状和大小的影响。只有抱有好的心态，开奶才能顺利进行。

**2**
#### 产后 30 分钟内要开奶

自然分娩的妈妈，宝宝出生后 30 分钟内就可以让宝宝吮吸自己的乳房。剖宫产的妈妈也可以在分娩后的 30 分钟内开奶，不过需要用吸奶器来代替宝宝的吮吸。越早让宝宝吸到母乳，越早对乳头进行刺激，越有利于开奶和母乳喂养。

**3**
#### 开奶前不要给宝宝吸奶嘴

开奶前给宝宝吸奶嘴，会让宝宝产生"乳头错觉"。奶嘴吸起来比较轻松，出于"偷懒"的天性，吸过奶嘴的宝宝会不愿意再费力吮吸妈妈的乳房，从而增加开奶的困难，增加母乳喂养的难度。

Tips：

开奶没做好，会给以后的母乳喂养埋下隐患：一是宝宝可能会拒绝母乳，二是妈妈也可能发生奶水不足或奶胀奶结的情况，严重的还会发生急性乳腺炎。

### 母乳不足 5 个补救措施

##### 每次排空乳房

让宝宝多吸吮，尽量排空两边的乳房。因为多吸吮能刺激母体内催乳素的增高，使乳汁增多。

##### 妈妈心情舒畅并休息好

情绪也会影响乳汁的分泌。心情愉快的妈妈要比焦躁、忧郁的妈妈乳汁分泌旺盛。过度疲劳也会让乳汁分泌减少。

##### 针灸催奶及服催奶药

如果结合中医针灸及催奶药，往往能取得良好的效果。母乳实在不足的母亲，可以给宝宝增加配方奶粉。

**食补**

哺乳妈妈每日饮食要尽可能摄入以下营养：

① 1个鸡蛋　＋　② 1两干豆类（或相当量的豆制品）　＋　③ 2两瘦肉　＋　④ 3两水果

⑤ 半斤牛奶（或400～450毫升豆浆）　＋　⑥ 7两粮食　＋　⑦ 1斤蔬菜

**按摩催奶**

**方法一：疏理肝气，巧用膻中、少泽和太冲三穴位。**

①膻中穴位于两乳中间，能疏通全身的气，缓解乳汁少现象。操作方法：按膻中穴，直到按起来不怎么疼为止。

③太冲穴，位于脚背大拇趾和第二趾结合的地方向后，脚背最高点前的凹陷处。睡前按揉两侧太冲穴3分钟。

②少泽穴位于小拇指指甲根外下方0.1寸。操作方法：产后每天下午1～3点用牙签尖刺激两侧少泽穴2分钟，可催乳、通乳，并能促进营养的吸收。

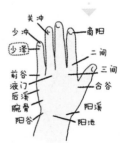

**方法二：乳房按摩。**

用干净的毛巾蘸些温开水，由乳头中心往乳晕方向成环形擦拭，两侧轮流热敷，每侧各15分钟，同时配合下列按摩方式：

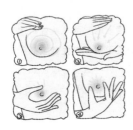

❶ 用2～3根手指从外向乳头方向打圈按摩乳房。
❷ 用整个手掌从底部向乳头轻轻拍打乳房。
❸ 将拇指和食指放在乳晕周边，轻轻挤奶。
❹ 拇指和食指在乳晕周边不断变换位置，将所有的乳汁彻底排空。

## 4 种正确哺乳姿势

合适、正确的哺乳姿势就是让妈妈和宝宝都舒服的姿势。无论选择哪种姿势，妈妈都必须让宝宝的脸贴向乳房，与宝宝胸贴胸、腹贴腹。

❶ 摇篮抱法。这是最简单常用的抱法。妈妈手臂的肘关节内侧支撑住宝宝的头，使他的腹部紧贴住妈妈的身体，再用另一只手托着乳房。

❸ 足球抱法。适合乳房较大或乳头内陷、扁平的妈妈。将宝宝放在妈妈身体一侧，妈妈用同侧前臂支撑宝宝的背，手则扶住宝宝的颈和头，另一只手托着乳房，以便形成有效哺乳。

❷ 交叉摇篮抱法。这种抱法适合早产儿，或者吮吸能力弱、含乳头有困难的小宝宝。这种抱法和摇篮抱法中宝宝的位置一样。但是这种抱法中，妈妈不仅要将宝宝放在肘关节内侧，还要用双手来扶住宝宝的头部。这样妈妈就可以更好地控制宝宝头部的方向。

❹ 侧卧抱法。适合剖宫产的妈妈。妈妈在床上侧卧，与宝宝面对面。然后将自己的头枕在臂弯上，使宝宝的嘴和自己的乳头保持水平方向。用另一只胳膊的前臂支撑住宝宝的后背，手则托着宝宝头部。这种做法可以让妈妈在宝宝吃奶时得到休息，有利于妈妈产后恢复。

## 怎么判断宝宝是否吃饱了

**若宝宝吃饱，会出现以下特征：**

◆ 露出安静、满足的表情；

◆ 他每天可能有 2 ～ 3 次大便，呈黄色，稀软；

◆ 24 小时内换 6 ～ 7 次很湿的尿片；

◆ 根据生长图检测他的体重，一个健康的宝宝至少每星期增重 125-210 克左右。

**另外，妈妈也可根据喂奶前后的观察，判断宝宝是否吃饱了：**

◆ 喂奶前乳房丰满，喂奶后乳房变柔软；

◆ 喂奶时可听见宝宝的吞咽声；

◆ 有奶空的感觉。

上述判断宝宝是否吃饱的标准，也一样适用于人工喂养的宝宝。

> **Tips:**
>
> 妈妈需要了解宝宝的习惯，每个婴儿都是独立的个体，有个别的差异。有的宝宝饭量大，有的则睡眠多，吃的次数多少也不同，只要体重正常增加就行。

## 怎么判断宝宝吃多了还是吃少了

**若宝宝奶吃少了，就会出现以下特征：**

◆ 体重增加低于正常速度；

◆ 尿液偏黄、减少；

◆ 皮肤松弛、干燥；

◆ 不断地哭，声音较小。

**若宝宝吃多了，则会出现以下特征：**

◆ 吐奶频繁；

◆ 肠容易痉挛，表现为每次吃完奶，宝宝就会把腿向上抬，腹部紧绷；

◆ 体重超出正常标准。

## 乳房异常及对策一览表

母乳喂养时，若乳房出现异常状况，就需要及时采取措施加以纠正，否则就会给妈妈自身和宝宝带来麻烦。

### 乳房异常及对策一览表

| 乳房状况 | 奶水正常饱满 | 涨奶 | 乳管堵塞 | 乳腺炎 |
|---|---|---|---|---|
| 发作时间 | 产后2~3天 | 产后前2周 | 喂奶后最明显 | 产后第3周最常见；整个哺乳期都有可能发生 |
| 部位 | 两侧乳房 | 两侧乳房 | 一侧乳房局部 | 一侧乳房 |
| 乳房感觉 | 有肿胀、紧绷、不适感，但不发硬 | 发硬、肿胀、疼痛、发热 | 乳晕下面有轻微疼痛的肿块，表面皮肤发红 | 一触即疼，发烫，肿胀，有红色印记 |
| 是否发烧 | 无 | 低烧，38.3℃ | 无 | 高于38.3℃ |
| 情绪感受 | 良好 | 良好 | 良好；能看到乳头开口处的白色堵塞物 | 难以忍受，很疲倦，全身寒，类似感冒 |
| 对策 | 增加喂奶次数，及时清空乳房 | 增加喂奶次数，及时清空乳房；冷热交替敷乳房；保证充分休息 | 增加喂奶次数，及时清空乳房；冷热交替敷乳房；保证充分休息；按摩被堵乳管 | 增加喂奶次数，及时清空乳房，多休息、放松；若疼痛难忍，及时就诊 |

## 正确拍嗝可有效防止宝宝溢奶

### 直立式

**做法**

尽量把宝宝直立抱在肩膀上，以手部的力量将宝宝轻扣着，再用手掌轻拍宝宝的上背，促使宝宝打嗝。

**注意事项**

◆ 为了防止宝宝溢奶、吐奶，妈妈可在自己肩膀上垫上小毛巾，方便清洁。

◆ 由于依靠手部支撑宝宝直立，当宝宝面朝自己的时候，要注意身体不要捂住宝宝的口和鼻，方便宝宝呼吸。

◆ 如果宝宝在拍打几次之后都没打嗝，可以考虑先抚摸再拍打，也可以换另外的肩膀再拍打。

### 侧趴式

**做法**

妈妈坐着双腿合拢，将宝宝横放，让其侧趴在腿上，宝宝头部略朝下。妈妈以一只手扶住宝宝下半身，另一只手轻拍宝宝上背部即可。

**注意事项**

◆ 为防止宝宝滑落，要适当用力把宝宝身体固定在妈妈大腿上。

◆ 拍打时，五根手指头并拢靠紧，手心弯曲成接水状，确保拍打时不漏气。同时，注意拍打的力度，一般以引起宝宝背部震动，但不让宝宝感到疼痛为宜。

◆ 每次拍嗝，可以伴随着宝宝喝奶过程分 2~3 次来拍，不必等宝宝全部喝完。

**Tips**

拍嗝的方式因人而异，妈妈们可以进行多方面的尝试，不过需牢记的是，经常变换位置、适度给宝宝腹部一些小压力，才是拍嗝的关键。

### 端坐式

**做法**

妈妈坐好，让宝宝面朝自己坐在大腿上，妈妈一只手托着宝宝的头，另一只手轻拍宝宝的上背部。

**注意事项**

◆ 为宝宝准备好小毛巾，防止吐奶。

◆ 与直立式相同，如果宝宝在拍打几次之后都没打嗝，可以考虑先抚摸再拍打。

### 由下而上式

**做法**

让宝宝躺好，从膝盖开始，由下而上至腰部轻轻拍打，也可以帮助宝宝排出多余的气。

**注意事项**

◆ 在宝宝状态愉悦的情况下进行。

◆ 拍的动作要轻柔迅速，以免引起宝宝反感。

**NO.2 配方奶喂养：要牢记是人而不是奶瓶在喂奶**

亲密 1+1

母乳喂养是妈妈与宝宝亲子交流的第一步，那如果妈妈乳汁不足或者因为患有某种疾病而不能亲自喂奶时，宝宝又该如何得到来自妈妈的安全的信息呢？又如何建立起母子亲密关系呢？

我们先来看看一般情况下母乳喂养的宝宝，是如何通过视觉、听觉、嗅觉、味觉、皮肤觉和内脏觉等 6 个感觉通道来接收来自妈妈的良好信息的。

从视觉上，宝宝能看到妈妈与他交流的眼神及妈妈的乳房；

从听觉上，能听到妈妈对他充满爱意的窃窃私语；

从嗅觉上，能闻到妈妈身上独有的味道；

从味觉上，能体验到妈妈独有的奶香味；

从皮肤觉上，能感到妈妈对他温柔的抚触及妈妈的体温；

从内脏觉上，全方位接收到妈妈对他爱的包容的感觉。

所以，如果因各样原因不能进行母乳喂养，选用配方奶来喂养宝宝时，最好也要有亲生母亲做主要扶养人，并在喂奶的过程中尽可能开放 6 个感觉通道，并牢牢记住，是人而不是奶瓶在喂奶。

妈妈可以露出一部分皮肤，跟宝宝亲密接触，并把奶瓶放在你胸口，眼睛看着宝宝，时不时地摸摸他，就像母乳喂养的时候一样。虽然说配方奶粉再好也不如母乳适应自己的宝宝，但是上述奶瓶喂法至少在心理学的层面上给宝宝创造了最接近母乳喂养的环境，这样能极大地满足宝宝的心理需求，使宝宝健康成长。

当然还会有各种各样的原因比如工作繁忙、出差等等，使母亲不能亲自喂养自己的宝宝，这时候一定要有一个固定的主要抚养人来照顾孩子，千万不能三天两头的换抚养人，否则对孩子的心理成长、性格养成非常不利。

另外，人工喂养的宝宝容易营养不良和消化紊乱，所以需要大人付出更多的耐心来挑选优质的配方奶，并掌握正确的喂养方法。

## 育儿 1+1

### 宜用优质配方奶粉

一般来说，挑选奶粉有以下几种方法：

**1** 选择大品牌的配方奶。　**2** 根据宝宝生长阶段挑选。　**3** 选择优质真奶粉。

| | |
|---|---|
| **试手感** | 用手指捏住奶粉包装袋来回摩擦，真奶粉质地细腻，会发出"吱吱"声；假奶粉由于掺有绵白糖、葡萄糖等成分，颗粒较粗，会发出"沙沙"的流动声。 |
| **辨颜色** | 真奶粉呈天然乳黄色；假奶粉颜色较白，细看有结晶和光泽。有的假奶粉会呈现漂白色，或者有其他不自然的颜色。 |
| **闻气味** | 打开包装，真奶粉有牛奶特有的浓郁乳香味，假奶粉乳香很淡，甚至根本没有乳香味。 |
| **尝味道** | 真奶粉细腻发黏，易粘在牙齿、舌头和上颚部，溶解较快，且无糖的甜味，加糖奶粉除外；假奶粉放入口中很快溶解，不粘牙，很甜。 |
| **看溶解速度** | 真奶粉放入杯中，用冷开水冲，需经搅拌才能溶解成乳白色混浊液；假奶粉即使不搅拌也能自动溶解或发生沉淀。<br>用水冲时，真奶粉会形成悬浮物上浮，开始搅拌会粘住调羹汤匙；假奶粉则会迅速溶解。所以，很多"速溶"奶粉都是掺有辅助剂的，真正速溶的纯奶粉是没有的。 |

### 宝宝配方奶粉至少要喝到 3 岁

宝宝配方奶粉至少要喝到 3 岁，如果有条件的话，最好能喝到 7 岁。这是因为断奶后，如果妈妈只给 3 岁以前的孩子吃饭，不添加配方奶粉，就会造成孩子体内优质蛋白质缺乏，而这会影响孩子的体能甚至智能的发展。另外，只吃饭还会造成宝宝微量元素的不足，使孩子缺铁、缺钙，从而导致贫血或是佝偻病。

用鲜牛奶代替配方奶也是不可以的。这是因为鲜牛奶中所含的蛋白质 80% 是酪蛋白，不但难消化还容易引起婴幼儿溢乳、便秘，而配方奶粉中的蛋白质是乳清蛋白，就不容易出现这种问题。另外，牛奶中的矿物质比如磷、铁的含量过高，这会加重婴幼儿肾脏的负担。更为关键的是，鲜牛奶或者普通奶粉的成分构成基本上是不变的，而配方奶粉则会根据婴幼儿不同时期的生长发育，添加有助其健康成长的各种营养物质。

### 正确给宝宝喂奶

给小宝宝喂奶绝对是项有趣的技术活儿。具体步骤如下：

❶ 先将奶瓶、奶嘴放到沸水里煮 5 分钟左右消毒。或用专用消毒器具消毒。

❷ 洗净双手拿出消毒好的奶瓶，按照配方奶包装上的说明，将适量 40～60℃ 的温开水倒入奶瓶内。

❸ 再加入适量奶粉。

备注：奶粉冲调的浓度一定要以包装上的说明为标准，冲调过浓不好消化，加重肠胃消化负担；冲调过稀则不能保证足够的营养。可使用奶粉附带的量匙，盛满刮平，不要刻意压平。在加奶粉的过程中要数着加的匙数，以免忘记所加的量。

❹ 紧握奶瓶，左右晃动让奶粉慢慢融化（如果上下晃动将产生泡沫，宝宝吃到的头几口会是气泡）。

❺ 装上奶嘴，把瓶身倒过来，先看看流速是否合适。0～6 个月宝宝奶流速判断标准如下：奶水的流速以奶瓶倒置时，奶水能一滴一滴连续滴出为宜，一般以 1 滴／秒为标准。

备注：如果几秒钟奶水才会从奶瓶里滴出来一滴，那就说明奶嘴孔径太小了，宝宝吸起来会很费力。如果倒置奶瓶后奶水呈线状流出不止，则说明孔径过大，宝宝有呛奶的危险。有时候，奶瓶瓶盖拧得太紧也会使流速变慢，空气在瓶内形成负压，使奶嘴变扁，宝宝吸起来就非常吃力。这时就要把奶瓶的盖子略略松开，让空气进入瓶内，以补充吸奶后的空间。

❻ 再滴几滴奶水在手臂内侧，判断一下温度是否合适，觉得不烫为宜，不要用你的嘴去尝。如水过热会破坏奶粉的营养成分，烫伤宝宝口腔；太冷则可能会刺激宝宝的肠胃，引起宝宝消化不良或腹泻。

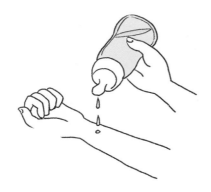

❼ 妈妈选一个舒服的姿势坐好，让宝宝的头枕着一条胳膊。这条胳膊应该能随时调节高度以改善奶水的流速，并让宝宝偎依在胸前，与妈妈胸贴胸、腹贴腹。这种亲密的身体接触，可以给宝宝带来安全感和舒适感。

❽ 喂奶时，始终保持奶瓶倾斜，从而使奶嘴头一直充满乳汁，防止奶瓶前端有空气，避免宝宝吸奶时吸入奶瓶中的空气，引起溢乳。

备注：不要让宝宝平躺着吸奶，这样也容易溢奶。

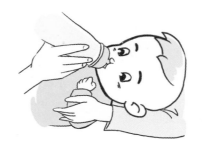

奶瓶喂养吮吸方法

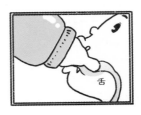

舌

## 奶瓶挑选 3 原则

◆ 多挑选几个奶瓶，以便每天消毒备用。
◆ 奶瓶形状可随意，只要容易清洗、拿起来顺手就可以了。
◆ 奶瓶材质需因人因时而异。

| 对比 | 优点 | 缺点 | 使用时机 |
|---|---|---|---|
| 玻璃奶瓶 | 品质有保证，无副作用，易洗、耐用 | 强度不够，易碎，贵 | 喂养 0～3 个月宝宝使用玻璃奶瓶较好，父母在家亲自喂养时可以用 |
| 塑料奶瓶 | 轻巧不易碎，高度透明，出门携带方便，相对便宜 | 质量参差不齐，容易有质量问题 | 3 个月后，宝宝长大些，想自己拿奶瓶时，用塑料奶瓶多一些 |

## 奶嘴挑选 2 原则

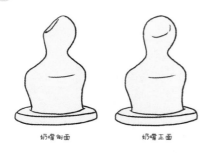

奶嘴侧面　　　奶嘴正面

**图注**

❶ 奶嘴形状要仿母乳。奶嘴最好选用仿母乳自然形状的，这种奶嘴模拟哺乳时宝宝的吮吸特点设计，有利于宝宝两颚及颌部的发育。
❷ 奶嘴孔要大小合适。奶嘴要用柔软而孔径小的，2～3 个孔为宜。孔径大小以倒置奶瓶时，液体能连续滴出为宜。新奶嘴可先煮沸几次使之变软再用。

## 宝宝喂奶常见问题

采用人工喂养的新生儿，每隔 3～4 小时喂一次，一天喂 6～8 次。

但每个宝宝都有个体差异，有些爱睡觉吃的次数少，有些则饭量大吃的多，妈妈们在喂养过程中可摸索出自己宝贝吃奶的规律，只要体重增长正常，就说明宝宝吃饱了。

◆ 对付爱睡觉的宝宝可以采用轻轻抚摸，或者利用换尿布的机会叫醒。

◆ 饭量大的宝宝则需要增加喂奶次数，而不是一次喂的量加大，会加重宝宝消化系统的负担。

**新生儿几小时喂一次**

## 宝宝喝奶老被呛原因及对策

### 1. 奶嘴孔大，流速过快，宝宝吞咽不及

**对策一：** 控制好奶流量，喂奶时，不要让宝宝头部低于身体，可采取半竖卧位，把宝宝的头抬高一些，拿奶瓶的那只手缓缓抬起，以减轻宝宝吞咽压力。

**对策二：** 多准备几个不同材质、形状的奶嘴，看宝宝更适应哪种；并选择防胀气型奶瓶；或改用软勺喂养，喂的量要少，待听到宝宝咽下去以后，再喂下一勺。

### 2. 宝宝得了支气管炎、喉炎等

**对策一：** 病理性因素引发的呛奶多频繁发生，并伴有异常表现，严重影响宝宝生长发育。因而，必须尽早对原有疾病进行治疗，疾病好转后呛奶现象也会随之好转。

**对策二：** 呛奶会诱发呼吸系统感染。呛奶时要将宝宝头转向一侧或抱起呈竖立位，避免奶汁吸入气管中，并检查口腔及鼻孔中有无残留奶汁，若有用干净棉棒、纱布拭去。

---

**呕吐后能马上再喂奶吗**

新生儿常常吐奶，发生这种情况是因为消化系统未发育完全的缘故。能不能马上接着喂，要看宝宝当时的情况来定。

◆ 若宝宝吐奶后一切正常，就可以试着再喂。

◆ 若宝宝呕吐后感觉不好，不愿意马上进食，就不要勉强，让他的胃休息一下。

一般来说，吐出的奶少于喝下去的，所以不用担心。

但是也有些宝宝吐得很厉害，这时，最好去医院检查。

**宝宝边睡边吃好吗**

这种做法相当错误。对新生儿来说最大的坏处是容易呛奶，导致呼吸道感染，严重时甚至可能使宝宝窒息；等宝宝开始长牙时，因为奶水在口腔内发酵，破坏乳齿造成龋齿。

### Tips

宝宝夜间是否需要吃奶，主要看白天吃得如何、睡得如何。一般来说，如果宝宝得到所需热量，在晚上因为饿而醒来吃东西的可能性就不大。但在最初的几个星期，宝宝总是会在夜晚再吃一顿。

**NO.3 给宝宝添加辅食需要有足够的耐心**

亲密 1+1

给宝宝添加辅食的主要目的，并非补充营养，而是为了刺激宝宝味觉的发育，让宝宝养成吃乳类以外食物的习惯；同时锻炼宝宝的吞咽能力，为宝宝出牙吃固体食物做好准备。

及时给宝宝添加辅食很重要，但第一次喂辅食时，宝宝可能会将食物吐出来，这只是因为他还不熟悉新食物的味道，并不表示他不喜欢。因而，宝宝学习吃新食物时，可能需要妈妈耐心地持续喂宝宝数天，令他习惯新的口味。

另外，紧张的气氛会破坏宝宝的食欲以及对进食的兴趣。所以，妈妈还需为宝宝进食创造愉快的气氛，最好在你和宝宝心情都舒畅的时候为宝宝添加新食物。

再者，妈妈还需要了解宝宝的身体语言。宝宝肚子饿时，看到食物会兴奋得手舞足蹈，身体前倾并张开嘴。相反，宝宝不饿时就会闭上嘴巴，把头转开或者闭上眼睛睡觉。

如果宝宝拒绝进食辅食，妈妈也不要强迫，可能宝宝还没有准备好接受辅食。若强迫他进食，就会增加日后添加辅食的困难，甚至可能为宝宝的消化系统带来负担，埋下健康隐患。

除此之外，给宝宝添加辅食还应注意宝宝是否对食物过敏。建议每次只添加少量单一种类食物，几天后再添加另一种。这样，若宝宝有任何不良反应，您便可以立即知道是由哪种食物造成了。

总之，给宝宝喂辅食时一定循序渐进，有足够的耐心和决心，不能怕麻烦和繁琐，这样您的宝宝才能有足够的营养，才能健康成长！

Tips

4～6个月的宝宝应预防缺铁性贫血，须按时添加含铁的辅助食品，同时加喂富含维生素C的流质食物，以利于铁的吸收。此外，早产儿从2个月起、足月儿从4个月起可在医生指导下补充铁剂，以加强预防。

育儿 1+1

## 把握好宝宝添加辅食时机

一般情况下，4～6个月时就可以给宝宝添加辅食。但这个时间范围不是机械的、固定不变的，而应视每个宝宝的具体情况而定。当宝宝身体发育需要添加辅食时，一般会出现以下表现：

◆ 宝宝体重不增加，吃完奶后意犹未尽；

◆ 能自己坐稳，挺舌反射（宝宝总把大人喂进去的食物吐出来）消失；

◆ 看到大人吃东西，宝宝就兴奋得流口水，小嘴吧嗒作响，伸出小手想抓大人餐具；

◆ 自己会抓食物，并能放入口中。

## 宝宝添加辅食顺序

1～3个月：

纯母乳喂养儿不加或在医生指导下加维生素D制剂和钙；吃奶粉的孩子根据发育情况在医生指导下适时适量的添加维生素D制剂和钙，同时可添加果汁和菜水。

### 制作蔬菜汁

先将洗净的青菜去掉根部，切成小段，放入已经煮沸的清水中煮开，然后滤出菜渣，将菜汁与等量的温开水混合，就得到了新鲜的菜汁。爸妈妈要注意，一定不能选择洋葱、大蒜、香菜等味道过于刺激的蔬菜，即使是作为配料也不行，它们对宝宝胃肠道的刺激太大了。

4~6个月（吞咽期）
营养米粉、菜汁、鲜果汁、蛋黄、稀粥、鱼泥、菜泥、水果泥、动物血、豆腐

7~9个月（舌碾期）
蒸蛋、烂面、碎菜、肉末、鱼肝泥、烤馒头片、饼干、豆腐

10~12个月（牙床咀嚼期）
厚粥、软饭、面条、馒头、面包、碎菜、碎肉、豆制品

## TIPS：

宝宝进食辅食是以吮吸的方式完成的，所以，辅食一定要做得软、稀、细，并且量不能多。否则，宝宝会用他的舌头推出辅食，明确表示拒绝，或者会被噎着，或者勉强吞咽下去了，但肠胃也常常因为不能马上适应而发生腹泻、便秘等消化问题。

## 辅食添加原则

▶ 从少到多 如蛋黄从试量 1/4~1/2个

▶ 由稀到稠 如米汤-米糊-稠粥-软饭

▶ 由细到粗 如菜汁-菜泥-碎菜-菜叶片-菜茎

▶ 从植物性食物到动物性食物
如谷类-蔬菜-水果-蛋-鱼-肉-肝-豆

## 辅食添加5个注意事项

◆ 要根据季节和孩子身体状态来添加辅食，并要由一而多，一样一样地增加。若宝宝大便变得干硬，上火或者不正常，要暂停增加，待恢复正常后再增加。另外，在炎热的夏季和身体不好的情况下，不要添加辅食，以免孩子产生不适。

◆ 辅食宜在宝宝吃奶前饥饿时添加，这样孩子容易接受。

◆ 要注意卫生，婴儿餐具要固定专用，除注意认真洗刷外，还要每日消毒。喂饭时，家长不要用嘴边吹边喂，更不要先在自己嘴里咀嚼后再吐喂给婴儿。这种做法极不卫生，很容易把疾病传染给孩子。

◆ 喂辅食时，要锻炼婴儿逐步适应使用餐具，为以后独立用餐具做准备。一般6个月的婴儿就可以自己拿勺往嘴里放，7个月就可以用杯子或碗喝水了。

◆ 在喂给辅食时，要选择大小合适、质地较软的勺子。开始时，只在小勺前面舀上少许食物，轻轻地平伸小勺，放在宝宝的舌尖部位上，然后撤出小勺。要避免小勺进入口腔过深或用勺压宝宝的舌头，这会引起宝宝的反感。

# NO.4 断奶过程应该缓慢、充满爱

亲密 1+1

母乳是宝宝最好的食物。母乳不仅仅代表着食物和营养物质，更代表着浓浓的母爱和慰藉。宝宝可以通过吸吮乳汁，与母亲进行感情交流，从中获得极大的信赖感和安全感。

但随着宝宝一天天长大，尤其是 6 个月以后，身体对各种营养素的需要越来越大，母乳的量及其所含的成分已不能满足宝宝生长发育的需要。同时，宝宝在吮吸母乳的时候，也不再像以前那样专注，他们会吃吃玩玩。对于这个阶段的宝宝来说，吮吸母乳已经不再是为了解除饥饿，更多的是一种对于妈妈的依恋。因此，断奶也就成为必然。

只是，断奶不像说说那么简单，而应做好充分的准备工作，给妈妈和宝宝一个适应期，才能顺利地断奶。

这是因为断奶对宝宝来说是一个非常关键的时期，是宝宝生活中的一大重要转折，心理学家将此过程称为第二次母婴分离。断奶后，除了食物种类、喂养方式的改变，更重要的是断奶对宝宝的心理发育有重要影响。所以，妈妈们对断奶千万不可操之过急。

如果断奶方法不得当或采用仓促、生硬的方法断奶，如让宝宝突然和妈妈分开，或在妈妈的乳头上涂辣椒、墨汁、红药水、紫药水或黄连水等物质，不但使宝宝的情绪低落、心理上难以适应，还会给宝宝的身体健康带来负面的影响。

宝宝会因缺乏安全感而哭闹、恐惧、不安，不愿进食，导致脾胃功能紊乱、食欲锐减、面黄肌瘦、夜卧不安，从而影响其生长发育，使抗病能力下降。

另外，强硬断奶还会导致宝宝以吸吮手帕、被头及母亲的衣物来获得安慰，因而极易形成日后难以纠正的儿童异常行为。

宝宝的味觉非常敏锐，对食物也十分挑剔，尤其是习惯于吮吸母乳的宝宝，常常十分敏感地抗拒其他奶类。因此，最好的断奶过程应该是温柔的、循序渐进和充满爱的，为他创造一个慢慢适应的过程，逐步减少喂奶次数，不可仓促断奶。

另外，断奶期间喂食宝宝的家长最好是其他和宝宝比较亲近的人，比如爸爸或者奶奶、姥姥之类的人，在宝宝平时喝配方奶时分散宝宝对妈妈的注意力。同时，妈妈也要多陪伴宝宝一起在家里玩游戏，到户外或者与其他小朋友一起互动，让不同的环境分散宝宝对妈妈奶头的想念。

总之，在断奶时更需要细心营造亲密的亲子关系。

## Tips

### 断奶过晚不好

相比断奶早来说，断奶晚也同样不适合宝宝的成长。宝宝断奶时间最好不要超过2岁，以免由于宝宝过分依恋乳汁，而较少摄入肉、鱼、饭菜及其他辅食，造成消瘦、营养不良、体质差、经常生病等不良后果。

### 断奶妈妈情绪变化

宝宝断奶可能会引起妈妈体内的激素发生变化，出现一些负面情绪，如沮丧、易怒等，同时还伴有乳房胀痛、滴奶之苦。此时，可进行热敷并将奶水挤出，以防引起乳腺炎。这样做还可舒缓不良情绪。当情绪非常恶化时，应尽早去看心理医生。

### 回奶注意事项

母亲回奶时应遵循自然的原则，一般不需要服用回奶药，关键是减少对乳房、乳头的刺激。除了减少吸吮外，不要让宝宝触摸乳房，淋浴时避免用热水冲洗乳房；饮食中停止饮用猪蹄汤、鱼汤、木瓜汤、鸡汤等催乳汤水，减少高蛋白质和水的摄入量；感到奶胀时，可挤出少量乳汁，不要过度挤奶，以免刺激乳汁分泌过多，还可用冰袋冷敷乳房减轻不适。

**育儿 1+1**

## 正确选择断奶时机

断奶必须选择在宝宝身体状况良好时进行，而且这需要有个过程，让宝宝逐渐适应，否则会影响宝宝的健康。那么，该如何正确选择断奶时机呢？

**1. 宝宝断奶年龄的选择。**

断奶的最佳年龄段应选在宝宝 1 周岁左右，因为这个阶段的宝宝，辅食提供的热量已能达到其所需全部食物热量的 60% 以上，具备给宝宝断母乳的条件。

若有特殊情况，宝宝的体质又不够好，而且母乳充足，迟一些断奶也是可以的，但不宜延长至 2 周岁以后。这期间，宝宝从蹒跚学步到自由行走、玩耍，活动范围逐渐扩大，兴趣逐渐增加，与母亲的接触时间逐渐减少，也有利于断奶。

**2. 宝宝断奶季节的选择。**

断奶的最佳时间应选择在比较舒适的春秋季节。

这是因为，夏季天气炎热，宝宝的抵抗力低下，消化能力差，加之出汗多，体力消耗大，食物易腐败变质，容易患上腹泻、消化不良等胃肠道疾病，严重的甚至会造成脱水。而且，这期间，中暑、感冒、发热等疾病也比较高发。冬季气候又太冷，

是呼吸道传染病发生和流行的高峰期，宝宝会因为断奶而睡眠不安，极易患上伤风感冒、急性咽喉炎，甚至肺炎等疾病。

若在这两个季节断奶，宝宝吸收不到母体提供的抗体，加之断奶引发的情绪不良，就会导致宝宝免疫力降低，造成细菌或病毒乘虚而入。宝宝生病后会更严重地影响食欲，抵抗力再次降低，如此反复造成恶性循环，严重影响宝宝的生长发育。

而春秋两季气候温暖，不热不冷，对宝宝的室内外活动及睡眠等都较有利；同时这两个季节食物丰富，可找到大量适合宝宝食用的新鲜、优质食物，有利于宝宝健康成长。

还是晚点吧，秋季或春季断奶对宝宝比较好，不容易生病。

天太热了，我想给宝宝断奶，可以么？

## 给宝宝彻底断奶8大正确做法

给宝宝断奶也要讲究方式和方法，下面是给宝宝彻底断奶的8大正确做法。

### 1. 将断奶视为一个自然过程.

父母首先对断奶不要过于在意，应按计划正常喂养宝宝，当宝宝对母乳以外的食物流露出浓厚兴趣时，要及时鼓励和强化，按照由少到多、由稀到稠的原则让宝宝尝试新口味，引导宝宝喜欢上辅食，从而使其在心理上也把断奶当做一个自然过程。

### 2. 根据宝宝身体状况决定是否断奶.

妈妈在决定给宝宝断奶前，一定要先带宝宝到保健医生那里做一次全面详细的体格检查，只有确保宝宝身体状况良好，消化功能正常，才能给其断奶，否则就会影响宝宝的健康发育。

### 3. 逐渐减少喂奶次数.

刚刚减奶的时候，宝宝对妈妈的乳汁会非常依恋，因此减奶时最好先从减少白天喂母乳次数开始。因为白天有很多吸引宝宝的事情，他们不会特别在意妈妈，但早晨和晚上宝宝却会特别依恋妈妈，需要从吃奶中获得慰藉。

然后，逐渐过渡到减少夜间喂奶次数，直至过渡到完全断奶。可用牛乳或配方奶逐渐取代母乳，辅助食品的量相应加大。

### 4. 不在宝宝生病时断奶.

如果恰逢宝宝生病、出牙，或是换保姆、搬家、旅行及妈妈要去上班等事情发生，最好先不要断奶，否则会增大宝宝断奶的难度。

### 6. 断奶期间不回避.

国际母乳协会认为，处于断奶期的孩子需要妈妈更多的关爱、更多的身体抚慰。

妈妈可以采取多拥抱、爱抚宝宝、和宝宝在一起玩他感兴趣的游戏、陪宝宝吃饭、哄宝宝入睡等方法，与宝宝进行感情交流，抚慰宝宝的不安情绪，用以补偿宝宝由于失去母乳而感觉失去的母爱。切忌为了快速断奶躲出去，将宝宝交其他家人喂养。

### 5. 不让宝宝抚触乳头.

断奶时，不要让宝宝看到或触摸母亲的乳头。当宝宝看到其他宝宝吃母乳时，要告诉宝宝"你长大了，小宝宝吃妈妈奶，你不吃了"。

**7. 断奶过程要果断，不拖延。**

在断奶的过程中，妈妈既要让宝宝逐步适应饮食的改变，又要态度果断坚决，不可因宝宝一时哭闹，就下不了决心，从而拖延断奶时间。也不可突然断一次，让他吃几天，再突然断一次。这样反反复复只会带给宝宝不良的情绪刺激，造成宝宝情绪不稳、夜惊、拒食，甚至为日后患心理疾病埋下隐患。

**8. 爸爸帮宝宝度过断奶期。**

在准备断奶前，妈妈可有意识地减少与宝宝相处的时间，增加爸爸照料宝宝的时间，给宝宝一个心理上的适应过程，提前减少宝宝对妈妈的依赖。

同时，其他家人也应有意识地多与宝宝接触，如带宝宝去公园，接触大自然，开阔眼界，跟宝宝一起做游戏，使宝宝感到身边的人都爱他，都跟他玩，使他高兴……关键是要让宝宝有安全感、信任感。

TIPS:

　　断奶后，不要强迫宝宝进食，否则会严重影响其健康发育。宝宝吃多吃少，要由他自己决定才行。

## 宝宝断奶常遇到的 4 类问题及对策

### ❶ 拒吃母乳以外的食物。

若在断奶前没有很好地添加辅食，断奶时宝宝往往抗拒除母乳以外的其他食物，无论是粥、面，还是菜、肉，都不爱吃，饭量越来越少。由于营养摄入不够，宝宝的体重逐渐减轻，影响其身体的健康发育。

为避免出现这种情况，在宝宝满 4 个月后，就要及时添加辅食，为断奶打好基础。

### ❷ 养成偏食、挑食的坏习惯。

断奶时，宝宝不爱吃饭，因担心宝宝营养不良，所以父母有时就会迁就宝宝的口味，只喂宝宝爱吃的食物，从而导致宝宝养成了偏食、挑食的坏习惯。偏食、挑食不仅使宝宝营养素摄入不均衡，而且有损其胃肠道的健康。

对于宝宝在婴儿阶段挑食的毛病，父母大可不必为此着急，因为大部分宝宝在婴儿期不爱吃的东西，到了幼儿期就可能变得爱吃；对于偏食的纠正，做些努力是可以的，但一定不要强制进行。如果有些孩子不爱吃胡萝卜、菠菜，可用其他蔬菜代替；对于什么菜也不吃的小儿，可暂时用水果补充。

### ❸ 易发生母子分离焦虑。

断奶不顺利，越来越依恋母亲，母乳已很少，还要靠母亲哺乳，母亲一走开就紧张焦虑，到处找妈妈，情绪低落，终日不开心，也害怕与别人交往，这就是断奶造成的母子分离焦虑，对小儿的身心发育都有损害。

### ❹ 脾气变得暴躁和任性。

断奶前后，妈妈因为感到内疚，于是不管宝宝的要求是否合理，一味纵容，导致宝宝的脾气越来越大。

1岁左右的宝宝还不能分辨什么是对是错，也不知道什么是合理的什么是不合理的，他们往往从大人的态度上来判断是否可以。但宝宝在以往的经验中已经清楚地知道妈妈会对他忍耐到何时，以及他闹到何种程度你才会答应他的请求。这就要求妈妈在面对宝宝的不合理要求时态度一定要坚决，不管他怎么哭闹或耍脾气，都不能答应他。这样几次后他就会意识到，不管他怎么耍脾气都不能使你改变主意，他会因此而逐渐克制自己的脾气，减少任性的次数和强度。

## 断奶后宝宝饮食存在的 4 大误区

饭菜摄入不均衡

总用汤泡饭吃

妞妞，再泡一勺汤，汤里营养多！

宝宝，晚上不吃菜了，吃个苹果防便秘。

用水果代替蔬菜

饮食正常后，仍吃奶糕

宝宝张嘴，吃块奶糕吧！

## 宝宝断奶后的营养补给

断乳后，宝宝必须完全靠自己尚未发育成熟的消化系统来摄取食物的营养。由于他们的消化机能尚未成熟，咀嚼能力和消化能力都很弱，因而容易引起代谢功能紊乱，易造成消化不良，导致腹泻。所以，要注意该时期宝宝机体的特点，合理安排断乳后宝宝的营养与膳食。

断乳后，婴幼儿每日需要热能大约1100～1200千卡，蛋白质35～40克，需要量较大。全天的饮食安排：一日五餐，早、中、晚三顿正餐，二顿点心。

一般来讲，宝宝断乳后不能全部食用谷类食品，也不可能与成人同饭菜。主食可吃稠粥、软饭、烂面条、包子、小馄饨等，副食可吃鱼、瘦肉末、肝类、虾皮、豆制品、各种蔬菜碎末及蛋羹等。水果可根据具体情况适当供应。

另外，宝宝断奶后，仍然要每天食用500毫升左右的牛奶，因为它不仅易消化，而且有着极为丰富的营养，能提供给宝宝身体发育所需要的各种营养素。

在饮食上，每日菜谱尽量做到多轮换、多翻新，强调平衡膳食，粗细、米面、荤素搭配，避免餐餐相同，并注重食物的色、香、味，做到碎、软、烂，以方便宝宝摄入和吸收。家长可采用煮、炖、烧、蒸等方法烹饪宝宝的食物，但不宜油炸及使用刺激性配料。

家长需要注意的是，宝宝刚刚断奶后，可能会出现食欲下降的现象。这时，千万不要强迫宝宝吃东西，尤其是他们不喜欢吃的食物，以免宝宝产生逆反心理，拒绝进食。

TIPs:

宝宝断奶可能会引起妈妈体内的激素发生变化，出现一些负面情绪，如沮丧、易怒等，同时还伴有乳房胀痛、滴奶之苦。此时，可进行热敷并将奶水挤出，以防引起乳腺炎。这样做还可舒缓不良情绪。当情绪非常恶化时，应尽早去看心理医生。

# Part 4

## 精心呵护，
## 传递亲密关系正能量

　　如果照顾者能及时地满足宝宝的期望，例如"我一哭，父母就会抱起我；我饿了，就会喂我吃奶"等等，并经常从照顾者那里得到精心的呵护，就会给宝宝一种安全感，这将永久地影响他成人后的人际交往，决定着他能否与他人建立起信任关系。记住，让宝宝变得聪明健康的不是某样物品，而是与人的亲密关系程度。

**把宝宝"贴"在身上，母子之间的"亲密增强剂"**

亲密 1+1

每个妈妈都有过这样的经历——抱宝宝抱到手臂酸痛；而且有了宝宝之后，逛街不再是一件悠闲轻松的事情，而旅游更是成了奢望；大一点儿的宝宝有时为了寻求与妈妈的亲密接触，硬是缠着往妈妈身上扑，弄得妈妈什么事情也做不了。

如果您为这些问题所困扰，那么可以尝试着用婴儿背带把宝宝"贴"在身上，或解放出双手，体验一下从容做妈妈的感觉。

专家指出，由于婴儿同母亲的密切接触，把宝宝贴在身上，会给孩子的生长发育带来极大的益处，妈妈们不用担心常背宝宝会伤害其躯体四肢或影响宝宝的睡眠。

据研究证实，经常被贴在大人身上的宝宝，可促进宝宝语言和大脑发育。日常生活中，父母若能适当安排时间背着小宝宝，就可以一边腾出手料理家务，一边同孩子呢喃对语，这能极大地培养孩子的语言能力，促进其脑部神经系统的发育。实在不失为一种弥补因家务拖累而造成的早期教育不足的好办法。

而且，用背带背着宝宝也有利于其脊柱的正常发育。刚出生的婴儿脊柱几乎是垂直的，但正常成人脊柱的生理性弯曲具有重要意义，能够承担起维持正常的立位姿势，平衡肢体运动、负重、运动缓冲震荡和保护脊髓等。婴儿整天躺在童床或摇篮里，显然无法刺激脊柱的正常生理弯曲形成。加上周岁以内婴儿，平卧时间太长会形成"扁头"；侧卧睡得过久，又会导致两侧面颊生长不对称。多背背宝宝，则能有效避免出现这种情况。

另外，经常被背着的宝宝情绪更稳定，更有安全感。长大后不易哭闹，对周围的世界充满好奇心，并能更集中注意力观察周围的状况。

再者，因为宝宝"贴"在身上，长时间和宝宝待在一起，频繁地喂奶和接触，能让妈妈的母性激素保持高水平，从而对来自宝宝的信号作出及时的反馈，便于和宝宝尽快地建立起联系彼此的亲密纽带。

## 背带对宝宝的好处

帮助宝宝脊椎的正常发育

大大提高宝宝的睡眠质量

有助于宝宝身心健康发育和人际交往

促进宝宝语言和大脑发育

能减少宝宝吸入过多的灰尘

可以代替手推车到更多的地方

## 育儿 1+1

### 背带挑选要点

市场上的背带虽品牌众多，但功能相似。有一种坐姿的，也有多种姿势的。挑选背带，不一定要选择价格昂贵的国际品牌，而应看物品的质量，一定要结实安全、舒适能载重，并要选择可卧可坐多功能的。

### 婴儿背带使用注意事项

◎ 在未熟练使用背带时，妈妈最好用手托着点宝宝，以免背带松弛摔到宝宝。

◎ 背宝宝时，不要突然扭动，或有大的伸拉动作。

◎ 不要随意弯腰，以免压着宝宝；若必须弯腰时，可屈膝下蹲。

◎ 取易碎、危险物品时要小心，并与之保持一臂长的距离，以免宝宝伸手碰触发生危险。

◎ 进门、拐弯时，要小心防止宝宝撞到墙壁或门框。

◎ 背宝宝时，妈妈吃东西要小心，避免喝热饮料，以免食物渣滓迷到宝宝眼睛，或烫伤宝宝。

### 不同月龄背带使用建议

**横抱式** 适合 0～3 个月宝宝。此阶段宝宝颈椎还没发育完全，横抱着宝宝可以很好地保护宝宝的头部，促进宝宝颈椎的健康发育。

**面对面式（亲胸式）** 适合 3～6 个月的宝宝。这一阶段宝宝最好面向成人坐，双方身体的接触多，会使宝宝很有安全感。困了就可以趴在爸爸妈妈怀里小睡片刻，还可以跟他们"聊天"；同时，爸爸妈妈也可以随时观察宝宝的情况，做到心中有数。

**面朝前式（袋鼠式）** 适合 6～24 个月的宝宝。此阶段宝宝对外界的好奇心和探索精神都大大增强，所以应该让他们面朝外坐在背袋里或者背在后面。这样，宝宝的视野会变得非常开阔，可以看到许多他从未见过的人和物，出门一趟也能让宝宝长不少见识。

**后背式** 适合 6～24 个月的宝宝。此做法既能让宝宝慢慢学会独立，和妈妈亲密接触，建立安全感，也能方便妈妈做其他事情，安全简单。

# NO.2 与宝宝同睡，将夜间亲密育儿进行到底

亲密 1+1

睡眠是宝宝很重要的一项生理需要。据报道，熟睡中的新生儿生长发育比醒时快4倍。在这种情况下，又该如何与宝宝建立亲密关系呢？那就是睡在宝宝身边，这相当于在夜里将宝宝兜在身上。

事实证明，3岁以前，母婴同睡，无论对于宝宝还是对于妈妈，都能产生极好的影响。比如，宝宝在夜间醒来的次数通常比成人多一倍，若妈妈在身边及时温柔地抚摸或喂点奶，便能让宝宝安静下来重新回到沉睡状态，有利于提高宝宝的睡眠质量，促进宝宝生长发育，建立起安全感和对妈妈的信任感，为培养宝宝的良好性格打下基础。而且，还方便妈妈照看宝宝，并能弥补两个人在白天错过的亲密感。

2005年2月修订的美国儿科学会《关于母乳喂养以及人乳应用的政策声明》中也强调：母亲和婴儿应该在挨近处睡眠，以助母乳喂养顺利进行。除了欧美一些发达国家之外，全世界各民族的母亲几乎都让孩子和自己同屋或者同床睡眠。

在爸妈身边睡着，能够培养宝宝健康愉悦的睡眠态度，宝宝不但更乐意睡觉，睡眠时间也会更长。

若为了培养孩子的独立性，让宝宝独自一人睡，夜里醒来他会感到孤独害怕，觉得自己被抛弃了。何况，从出生到3岁，宝宝需要的不是什么独立性，而是最大程度上满足他对父母的依恋。一个饥饿的人是无法工作的，只有填饱了肚子才能够做事。同样，一个依恋感没有被满足、情感精神上处于饥饿状态的儿童，也无法独立。

要相信这一点，宝宝3岁前，无论你怎样爱抚、亲吻、拥抱他，都不会"惯"坏了他。反而是对父母的依恋感得到充分的满足、安全感建立的好的孩子，会自动脱离父母，走向独立。

除了吃饭、玩耍外，宝宝每天有50%的时间都是在睡眠中度过的，而且几乎每夜都要醒来一两次，身为父母，不妨试着与宝宝睡在一起，把这当作与孩子亲密交流的良好时机，向他传递"我在乎你"的信息，让孩子在你温柔的呵护下，带着深深的依恋和满足重新入睡，进而健康地成长，顺利走向独立。

育儿 1+1

## 母婴同睡注意事项

◆ 和丈夫、宝宝达成共同协议，并灵活看待同睡这件事，尊重丈夫和宝宝选择

◆ 买一张大点的床，给彼此充足的空间

◆ 一定注意床垫安全

◆ 不要让婴儿和大宝宝挨着睡，以免发生危险

◆ 被褥要轻而少，以防宝宝窒息或过热

◆ 不要把宝宝独自留在大床上，以防坠落

◆ 绝对不要在沙发或水床上同睡

◆ 如果大人有睡眠障碍，就不要和宝宝同睡

◆ 宝宝衣着舒适保暖即可，不可过厚

◆ 不要在卧室抽烟或者喝酒

◆ 别让宝宝睡在枕头上或头被蒙住

◆ 生病服药后不要和宝宝同睡

## 读懂宝宝睡眠信号

睡眠有助于新生儿的生长，但新生儿的睡眠周期很混乱，一天 24 小时，时睡时醒，几乎没有规律可循，这让新手妈妈烦恼万分。

其实妈妈们只要细心观察，还是会发现宝宝发出的睡眠信号的。许多新生宝宝累了的时候，情绪都很烦躁，往往以哭的形式发泄出来，以此告诉爸爸妈妈他困了，要睡觉了。如果此时爸爸妈妈不理解他的意思，继续逗他的话，孩子会哭得越来越厉害。

当宝宝眼神迷离的时候，也是他要睡觉的信号。这种情况大多出现在吃完奶后。如果爸爸妈妈在这时逗宝宝，发现宝宝反应不那么灵敏了，那就要及时让宝宝睡觉。

# 宝宝睡眠 5 大常见问题及对策

## 宝宝睡眠时间长

**对策**

◆ 用手指轻触宝宝的嘴巴。

◆ 抚摸他的身体，抓住他的小腿轻轻晃动。

◆ 轻轻捏小耳垂。

◆ 给宝宝换尿布。

◆ 抱起宝宝，在他耳边轻声说话，同时用手沿着脊柱按摩他的背部。

## 宝宝睡眠时间短

**对策**

◆ 将屋内的灯光调暗。

◆ 当宝宝明明有些犯困，却迟迟不愿入睡的时候，抱他在房间里来回走动。

◆ 假如他还是很清醒而你已经累了，你可以找一个舒服的姿势坐下，把他放在你的胸口上，耳朵贴在你心脏的位置，听到熟悉的节奏能让他感到放松而比较容易入睡。

◆ 让家人帮帮你，否则连续几晚都睡不好会让你感到沮丧并充满挫败感。

## 宝宝睡觉容易惊醒

**对策**

◆ 手放在宝宝身上轻微按压，宝宝就会安静下来。

◆ 入睡前用一块被单把宝宝裹紧，也有助于减少惊跳。

◆ 让宝宝清醒时就躺在自己的床上，在自己的床上入睡，而不是在大人的怀中入睡。如果宝宝在吃奶时睡着了，也应该在拍背打嗝之后，再把宝宝放在床上，让他入睡。

## 宝宝昼夜颠倒

**对策**

◆ 白天在室内睡觉，不要刻意调暗光线。夜晚睡觉的时候，营造一个安静昏暗的睡眠环境，帮助宝宝进入睡眠。

◆ 上午多带宝宝出去散步，逗引他多玩一会儿，或者给宝宝放音乐、广播听，让他保持兴奋。在下午五六点钟后，不要让宝宝睡觉。

◆ 宝宝刚睡下，情绪还不是很稳定，妈妈可以把宝宝抱在怀里，轻拍宝宝，给他以安全感，待宝宝彻底睡熟后再放下来。

## 睡觉不安稳

**对策**

◆ 看是否饿了，及时喂奶。

◆ 被子不要太厚，以免宝宝因太热而烦躁。

◆ 看是否大小便导致屁股不舒服，及时更换尿布。

◆ 看是否缺钙，根据医嘱及时补充钙剂。

◆ 看睡眠环境是否适合，干燥、空气混浊都不利于宝宝睡眠。

◆ 看是否睡前过于兴奋，可时常轻拍或抚摸宝宝，使宝宝安睡。

◆ 看宝宝是否患有低血钙症。若有，及时补充维生素 D 和葡萄糖酸钙后即可好转。

排除了以上因素还不能解决问题，或者同时伴有其他异常情况，则可能是潜在的疾病造成的，需到医院请医生诊断。

## 哄宝宝入睡要避免 6 做法

❶ 避免将宝宝抱在怀里，或放入摇篮中不停地摇晃，而应轻轻地拍拍他的背，坐在他的床边，握着他的小手，直到他入睡。

❷ 避免搂睡，刚开始可以陪睡，然后在你的床边放一张小床和宝宝分开睡，渐渐地鼓励他独自入睡，并养成习惯。

❸ 避免俯睡，仰睡最安全，可防止口鼻阻塞而缺氧窒息。刚吃完奶的宝宝可采取右侧位睡，防止吐奶呛入气管。

❹ 避免开灯睡，在喂奶或换尿布时，可开一下床旁小灯，完事后立即关灯。

❺ 避免热睡，比如盖得太厚或使用电热毯，而应根据宝宝实际需要盖被，或者提前用热水袋等安全物品暖热被褥。

❻ 避免夏天裸睡，而应用一条毛巾盖在宝宝的胸腹部，或系个小肚兜，以防着凉。

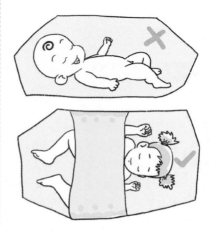

# 哭闹，建立亲子关系的良好契机

## 亲密 1+1

哭泣是宝宝会说话前表达需求的唯一语言。如果你能够辨认不同的哭声，你就理解了他的语言。

当婴儿遇到诸如"肚子饿了""感到不安、危险"等状况时，通常会通过像"大哭""吮吸奶头""要抱抱"等行为来寻求心理安慰。若父母第一时间了解了宝宝的内心需求，予以及时的反馈，宝宝就会得到极大的安全感和满足感。

换位想想看，如果你的身体没有协调能力，自己无法独立做任何事情，而你发出的请求信号——哭声也不能引起任何人注意，你会有什么感觉？

哭声没有得到及时回应的宝宝并不会变成"好"孩子，虽然他可能会如你所愿安静下来，但实际上他安静下来的原因是因为已经灰心丧气，感到绝望，因为他觉得无法与大人交流，也没有人会来满足他的需求。

宝宝大声哭闹时，妈妈可以让他靠在自己的胸口上，轻轻抚摸他的背和脑袋，在他耳朵旁说悄悄话，宝宝一般都会立刻安静下来。不要怕轻柔地抚摸和低声安抚会宠坏孩子，其实这是亲子互动的必然过程。

通过反复这些亲密关系行为，在婴儿心中便形成了对母亲的依恋关系，同时亲密关系行为的对象——母亲，也通过回应婴儿的这种行为，对婴儿形成了依恋关系。于是，母子之间的亲密关系便产生了。

> **Tips:**
>
> 由于天生气质不同，有的宝宝生来就比较安静，而另一些则很喜欢哭；相对的，有的很容易安抚，有的安抚起来则十分困难。妈妈坦然面对爱哭的宝宝，就不容易产生受挫的心理。

## 育儿 1+1

### 婴儿情绪性哭泣应对 4 策略

❶ 让宝宝趴在自己胸前,双手轻抚宝宝背部,可使他很快平静下来。

❷ 吮吸安抚奶嘴或大人干净的拇指,可有效缓解宝宝烦躁不安情绪。

❸ 竖抱宝宝,轻拍其后背,并缓缓走动轻摇宝宝,可让宝宝停止哭闹。

❹ 将宝宝平放婴儿床上,轻轻摇晃并温柔地哼唱摇篮曲,能使宝宝安静下来入睡。

### 儿童哭泣应对 5 妙计

大点的孩子已经听得进大人的话,所以在他哭泣时,不妨先分析一下他哭泣的原因,从孩子的角度寻找到解决方法,既要给孩子发泄提供宽松的心理空间,又要提出适当的要求。下面有 5 条妙计,供你借鉴。

妙计 1:让孩子感受哭的后果——"哭的时候你觉得舒服吗?"

**分析**

如果你的安慰反而让孩子更加委屈和伤心,那不妨等一等,等孩子情绪平稳时,再引导他说说哭泣时身体的感觉,让他认识到哭得厉害会让自己很不舒服,如此,孩子慢慢地就会得知"哭不能解决问题,而且还会让自己不舒服"。

妙计2：让宝宝彻底释放——"如果你很伤心，就大声地哭吧。"

我讨厌下雨，我就要出去玩！

如果你觉得很伤心，就趴在妈妈身上大声哭吧。

**分析**

　　孩子的伤痛，不是一句"勇敢""没什么大不了的"就能够很快缓解的。相反，如果你温柔地搂着他，告诉孩子"妈妈知道你因为……很难过，若想哭，就大声哭吧"，他就会从你的理解和温柔中获得安慰，"妈妈知道我很痛"、"妈妈知道我很伤心"、"妈妈是关心我的"……于是，疼痛和失望等不良情绪得到缓解，似乎变得可以忍受了。

妙计3：幽默地笑对——"你的眼泪很重要。"

**分析**

　　用幽默的方式化解宝宝的哭泣，他就会很自然地平息了情绪，且一点也不会感到尴尬。不过，需要注意的是，你要准确地判断什么样的情况下才可以采用这种幽默手段。发生对孩子来说较有"杀伤力"的事件时，一般不适合这样做。

宝贝，你的眼泪其实很重要哦。你看，妈妈拖地、洗碗、做饭都需要水，你的眼泪也是水，如果你还能哭的话，我就拿一个杯子接着，把你的眼泪收集起来给大家用，好吗？

爸爸讨厌，把我的积木碰到了！

妙计 4：启发孩子动脑思考——"除了哭，其实还有更好的办法。"

**分析**

　　孩子遇事而哭泣时，妈妈要注意提醒他"还有比哭更好的办法"，耐心地教给孩子一些解决冲突的方法，鼓励他多动脑筋。方法总比问题多。久而久之，孩子会习惯于动脑筋想办法，而不是一味地哭泣。

妙计 5：让孩子自己照镜子——"请你对着镜子看一看。"

**分析**

　　利用镜子的作用，让孩子看到自己哭泣的狼狈模样，并换位思考，从这个角度体验：他哭泣时，别人看了会有什么感受。多数时候，孩子就会不好意思从而不再哭泣。

　　需要注意的是，妈妈要保持平和冷静的态度，让孩子感到这并非惩戒，哭与不哭，他可以选择。

# NO.4 让穿衣脱衣变成一项愉快的亲子活动

**亲密 1+1**

穿衣、脱衣时抚摸婴儿柔软的皮肤，是让小宝宝认识他自己的身体的极好机会。但宝宝一般不喜欢换衣服，他们害怕裸露自己的身体，也不乐意把穿得舒服的衣服脱掉。所以，给宝宝换衣服时，大多宝宝会用哭声表示抗议，也可能会变得烦躁。

妈妈这时切记不要慌张，而应尽量保持情绪的平稳。先给宝宝一些信号，比如抚摸他的皮肤，和他轻轻地说话，告诉他："宝宝，我们来穿上（脱掉）衣服，好不好？"使他身体放松，并确认一下是否需要更换尿布。

穿衣脱衣时，动作一定要轻柔、迅速。同时，妈妈也可以用鼻子擦弄宝宝，搂抱他，亲吻他，抚摸他的小肚皮，利用这个机会与他做肌肤接触，或者亲切地注视着他的眼睛，并用温柔的话语加以安慰，给他传递安全感。

宝宝1岁时，穿衣服能很好地配合，1岁半时可以自己脱衣服，2岁时就会穿简单的衣服，比如夏天的衣服比较少，可以尝试让宝宝自己穿。宝宝穿脱衣服时，妈妈要细致耐心地教给宝宝正确的方法，比如宝宝1岁学脱袜子，您可以先让宝宝自己脱，他往往是从脚尖往下拉，比较费劲，这时家再长告诉他，从袜口往下拉会更容易。两相对比，宝宝就会明白大人教的方法更容易更省力，从而明白凡事要动脑筋去解决问题。

妈妈略用些心思，就可以把每一次的穿衣脱衣时间，变成亲子谈话或游戏的时间，从而让宝宝更加快乐健康地成长。

> **Tips：**
>
> 据有关资料显示，母子之间的亲密关系，从生理上来说，也能给宝宝带来有益的影响。宝宝体内有一种名为"可的松"的调节生理系统的激素，能够调节盐类及水代谢，帮助宝宝对压力及外界环境迅速做出应变。要有效地做到这点，需要基于一个条件，即"可的松"在体内处于平衡状态。过低会使宝宝反应迟钝，过高会使宝宝容易心理紧张，甚至患上慢性焦虑症。而母子之间亲密无间的关系，恰巧能够维持宝宝体内"可的松"的平衡。

## 育儿 1+1

### 婴儿穿衣脱衣要讲究技巧

#### 穿衣技巧

**前开襟衣服:**

先将衣服打开,平放在床上,让宝宝平躺在衣服上,大人的一只手将婴儿的手送入衣袖,另一只手从袖口伸进衣袖,慢慢将婴儿的手拉出衣袖,同时另一只手将衣袖向上拉。之后,用同样的方法穿对侧衣袖。最后衣服拉平,系上系带或扣上纽扣,用同样方法穿外衣。

**裤子:**

❶ 先把裤腿折叠成圆圈形,妈妈的手指从中穿过去后握住宝宝的足腕,将脚轻轻地拉过去。

❷ 穿好两只裤腿之后抬起宝宝的腿,把裤子拉直。

❸ 抱起宝宝把裤腰提上去包住上衣,并把衣服整理平整。

**连衣裤:**

先将连衣裤解开口子,平放在床上,让宝宝躺在上面,先穿裤腿,再用穿上衣的方法将手穿入袖子中,然后扣上所有的纽扣即可。

**套头衫:**

 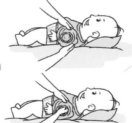 

❶ 把上衣沿着领口折叠成圆圈状,将两个手指从中间伸进去把上衣领口撑开,然后从宝宝的头部套过。为了避免套头时宝宝因被遮住视线而恐惧,妈妈要一边跟他说话一边进行,以分散他的注意力。

❷ 穿袖子。先把一只袖子沿袖口折叠成圆圈形,妈妈的手从中间穿过去后握住宝宝的手腕从袖圈中轻轻拉过,顺势把衣袖套在宝宝的手臂上,然后以同样的方式穿另一条衣袖。

❸ 整理。用一只手轻轻地把宝宝的屁股抬起来,另一只手把宝宝的上衣拉下去,整理整齐即可。

### 脱衣技巧

**连衣裤：**

先把宝宝放在一个平面上，从正面解开衣裤，轻轻地把双腿拉出来，必要时换尿布，然后把宝宝的双腿提起，把连衣裤往上推向背部到他的双肩，轻轻地分别把宝宝的双手拉出。

**套头衫和衬衫：**

先握着他的肘部，把袖口卷起来，然后轻轻地把手臂拉出来，把汗衫的领口张开，把手伸进衣服内撑着衣服，小心地通过宝宝的头，以免盖住或擦伤他的脸，将整件衣服取出。

## 婴儿衣服选择注意要点

### 衣服款式有讲究

◆ 衣物应该是柔软、吸汗、透气、不掉色的棉质品；花色要柔和、浅、淡且不含荧光剂，那种白得发光的衣物不能选。
◆ 衣服的样式要简单，便于穿和脱。
◆ 尽量不要穿套头衫，因为宝宝头大脖子软，套头衫很不好穿，常会惹得宝宝大哭。

### 穿衣多少合适

宝宝穿太多不仅手脚被束缚住使活动受影响，也不利于散热，宝宝喝奶或活动时身上的汗就无法挥发，反而容易感冒。"穿衣冷暖摸小手"，若宝宝手心暖暖的而且没有出汗就表示穿得正合适。

### 衣物洗净 2 要素

使用中性洗衣液。使用婴儿专用洗衣液或PH值为中性的洗衣液，碱性太大的洗衣粉和肥皂对宝宝娇嫩的皮肤伤害比较大。

宝宝衣物单独洗。清洗时应将成人的衣物和宝宝的分开，使用单独的盆，并且尽量手洗，避免洗衣机暗藏的细菌污染。

## 让宝宝自己穿衣有诀窍

宝宝 2 ~ 3 岁的时候，手部力量和身体协调性有了一定的发展，能够配合父母穿衣服，此时就应该培养他自己穿衣服了。

### ❶ 衣服鞋袜要方便穿脱

对宝宝来讲，有松紧带的裙子和裤子、套头衬衫既好穿又好脱，而系扣子的大衣或带拉链的滑雪服就比较难对付。当他把简单的服装应付自如后，再逐渐让他穿式样较复杂的服装。

而拉链式或粘贴式、脚踝设计硬高一点的鞋子，以及织法松一点的袜子则容易穿和脱。

### ❷ 让宝宝先快乐地配合穿衣

给宝宝穿衣时，大人可以边做边对他说有关动作的话，要求他与你合作。如"穿上衣喽，把手握成小拳头，开始过山洞啦！" "来，宝宝穿裤子，先伸左腿，再伸右腿！""穿鞋喽，伸脚，使劲蹬一下！"若宝宝配合，大人要及时表扬他："真不错哦，宝宝知道怎么穿衣服了。"

父母还可让宝宝自己尝试，如让宝宝学着拉开衣服上的按扣，让他自己来选择今天要穿什么衣服等等，宝宝会因此感到高兴，觉得穿衣服是件快乐的事。

❸ **仔细观察，教宝宝分前后**

　　教宝宝穿衣服很重要的关卡就是让宝宝分辨前后。第一次穿一件新衣服时，可以让宝宝观察："你看，小卡车（小兔子）在前面"。或者在衣服上做一些明显的记号，方便宝宝识别。

❹ **训练宝宝穿衣技能**

◆ **用布娃娃练习穿衣**

　　当宝宝表示要自己穿衣服的时候，让他用布娃娃做练习，先给布娃娃脱去衣服，然后再穿上。这样既可以让他们熟悉穿衣服的步骤，还能有效地提高他们动手的能力。他每完成一步就要表扬他，并让他有机会多练习扣扣子，拉拉链，系鞋带等。妈妈在这一过程中一定要有耐心，不要期望很快就能学会。

◆ **让宝宝学妈妈的样子**

　　宝宝凡事都喜欢照父母的样子做。如果你一边给宝宝穿衣服，一边做示范，宝宝便会喜欢去学。这样不仅可使宝宝学会正确的穿法，而且也可使他习惯快速穿衣。

◆ **巧妙利用宝宝"争强好胜"心理**

　　若宝宝不肯自己穿衣时，妈妈不妨快乐地说："宝宝和妈妈比赛穿衣服吧，看谁穿得又快又好。" 这样一来，宝宝穿衣的积极性就被充分调动起来。另外，在和宝宝比赛时，妈妈们可以表现得动作迟缓一些或多少出点儿纰漏，让宝宝获得冠军。这样，他们的热情就会更加高涨，下次也许再提出"比赛"要求的就是他们了。

# NO.5 洗澡：温馨的互动时刻

亲密1+1

　　每天给宝宝洗澡是日常护理必不可少的一项重要工作。宝宝经常洗澡可以保持皮肤清洁，避免细菌入侵，同时利于血液循环，促进新陈代谢，增强宝宝的抵抗力。洗澡的过程还可以让宝宝的触觉、温度觉、听觉等能力得到训练，促使宝宝智力得到更好的发育。

　　但爸爸妈妈们知道吗？每一次给宝宝洗澡，还是亲子沟通的最好方式呢。

　　六个月以下的宝宝，虽然大半还不会说话，但大多数在妈妈给他们洗澡时，都会手舞足蹈与兴奋异常。利用好这温馨的几分钟，可以极大地促进妈妈与宝宝的亲子关系。

　　在给宝宝洗澡时，您可以唱唱歌给宝宝听，也可以和宝宝说说话，指出他身上的各种部位，告诉他您在做的动作："我现在正洗你的小手，你的手指攥得好紧哦！能不能松开你的小手，让妈妈给你洗洗你的小手指啊？"

　　洗完澡后，一边温柔地和他说话，一边轻柔快速地擦拭干净宝宝，并做些简单的抚触。小宝宝很喜欢聆听妈妈温柔的声音，以及被人关爱地触碰着。

　　等宝宝大些，能独立坐在浴盆时，可放些小鸭子、小鱼、水杯等戏水玩具进去，让宝宝在水中玩一会。

　　在整个洗澡过程中，妈妈们要一直很温柔，不要因为宝宝不配合而发脾气，你这样会让宝宝更紧张的，你放松点，一直哄着宝宝，宝宝也很容易放松，可以洗得比较开心。

　　需切记一点：绝不要把宝宝单独留在澡盆里，一刻也不能！即使只是转个身的工夫，他也可能滑倒在水里溺毙。所以，当你要接电话，或做其他事的时候，一定要把宝宝带上。

## 宝宝洗澡要讲究方法

❶ 准备必要的衣物及各种用品。包括大小适中的浴盆，宝宝需要换洗的衣服、尿布和洗澡时要用的浴巾、毛巾、婴儿沐浴露、婴儿洗发露、爽身粉等。

❷ 宝宝洗澡温度要合适。室温须确保 26~28℃ 之间，特别是 3 个月以内的婴儿；水温控制在 38~40℃ 为宜，大人可以用手试一下温度，以不烫手或水滴在手背上感觉稍热即可。

❸ 妈妈用毛巾裹住宝宝，从脚部开始慢慢地把宝宝放入浴盆，注意观察宝宝神态，看有无不适之处。

❹ 洗澡时，妈妈一只手托住宝宝的头部和颈部，用湿浴巾轻柔地擦拭宝宝的眼睛，然后用 "S" 字型或者 "3" 字型擦拭脸部。

❺ 妈妈用托住宝宝手的拇指和中指，从宝宝头的后面把耳廓像盖子一样按在外耳道口上，以防止洗澡水流入耳道内，然后再为宝宝洗头，擦洗耳朵。

❻ 紧紧托住宝宝头部，令宝宝头略后仰，清洗其颈部，然后接着清洗胸部和腹部。

❼ 让宝宝头颈部枕在妈妈手臂上，从上而下柔和并快速地清洗宝宝的手臂和腿部。

❽ 让宝宝俯卧在妈妈手臂上，手指扶在宝宝腋下，另一只手拿着浴巾画着圆圈清洗宝宝后背。注意避免沐浴露溅入宝宝眼睛。

⑨ 然后转过宝宝身体，令其头颈部枕在妈妈手臂上，清洗宝宝下半身。

♂ · 清洗男宝宝会阴：先擦拭大腿根部和阴茎，然后把阴囊轻轻地托起，清洁四周。清洗阴茎的动作要轻柔，不要推动包皮。然后用手握住宝宝的双脚，抬起双腿，清洗屁股、肛门。

♀ · 清洗女宝宝会阴：先用干净纱布清洁外阴，注意从上往下、由里到外，由前往后擦洗，不要擦到婴儿的小阴唇里面。然后用手握住宝宝的双脚，抬起双腿，清洗屁股、肛门。

⑩ 用提前准备好的清水冲洗干净宝宝身上的沐浴露，然后用大毛巾快速包住宝宝，擦干宝宝头发和身体各部位，并涂上薄薄一层爽身粉。

## 宝宝洗澡 4 大注意事项

❶ 喂奶前 1~2 小时洗澡。这样可以避免宝宝洗澡的时候吐奶。

❷ 时间不宜过长。新生儿应控制在 3~5 分钟内，大点的宝宝则可以延长 10~15 分钟左右。宝宝洗澡时间应视宝宝的体质和月份而定，以宝宝在水中感觉快乐而又不疲劳为原则。

❸ 不要让水流进宝宝耳朵里。万一不小心进水，用干棉签轻轻擦拭即可，但不要捅得太深。

❹ 宝宝患病时不宜洗澡。宝宝抵抗力较低，因此宝宝感冒、腹泻、肺炎、皮肤感染、水疱、溃烂及湿疹等时最好不要给洗澡。宝宝刚打完预防针，也不要洗澡。

# 用母爱及时温暖宝宝心

## 亲密 1+1

宝宝的行为、感情发育需要父母来引导，用爱心培养自己和宝宝的关系，对宝宝早期智力开发有非常重要的意义。

我们喜欢把新生儿的第一声啼哭看做是他来到这个世界的激情宣言，其实很多时候，宝宝是用这样的方式来宣泄自己的不适。宝宝一出生就彻底告别了安静、温暖、舒适的子宫，突然来到一个完全陌生的世界，迎接他的是检查清洁、测量身高体重、留手印脚印……很少有人会注意到宝宝的心理需求。

> 妈妈来陪你。

甚至有的人还认为，新生儿除了睡觉就是吃奶，只要身体健康就行了，心理抚慰、亲子交流还是等宝宝以后长大点儿再说。这种观点是相当错误的。

尽管新生儿不会说话，但他天生就拥有很多能力，所以不要抱有"宝宝什么都不懂"的想法，更不能因为工作繁忙等原因忽视和宝宝的交流，只有积极的亲子关系，才能营造一个温馨的家庭。

所以，妈妈们一定要牢记，新生宝宝最想要的是妈妈温暖的怀抱，想再次听到妈妈那熟悉的心跳声。因而，即使妈妈们经历了长时间的分娩痛苦，消耗了所有的体力，也应该尽力尽早地满足宝宝最基本的需要，哪怕只是一个简单的抚摸，也会让宝宝很满足。

满足婴儿的心理需求，培养婴儿健康的心理，需要父母的精心呵护，需要了解一定的规律和秩序。父母最关键要做到的是：以爱来促进宝宝的健康成长。

TIPs：

美国学者文尼柯茨博士认为，"最早的母亲关注"对新生儿来说是很有帮助的，这是一个能提高敏感性的时期，在出生后要持续几个星期，有助于宝宝的个性形成、智力发育及感觉发展。

## 育儿 1+1

### 情感交流的 7 种方式

#### 注视

当妈妈哺乳时，宝宝有时会一边吃奶一边直视妈妈的眼睛，这是婴儿情感发育过程中的视觉需要，你可以利用这个特性和宝宝进行"交流"。

当宝宝醒着的时候，妈妈可以靠近他，宝宝会马上留意到妈妈的面孔，并会非常专注地打量。妈妈试着一边温柔地和宝宝说话，一边慢慢移动，让宝宝的目光追随你的面孔，这样做能有意识地锻炼宝宝的视神经，促进大脑发育。

#### 对话

抓住平日里每个生活细节和宝宝对话，比如换尿布时对他说"宝宝尿湿了，妈妈给你换一块"；给宝宝洗澡时说"妈妈给宝宝洗干净"，还可以问他"你喜欢洗澡吗"。

多和宝宝讲话，不是一件奇怪的、不好意思的事情，相反，是非常有意义的事！语言的交流开始得越早，宝宝的大脑发育就越迅速。

#### 抚触

温柔的安抚和拥抱是一种爱的交流，宝宝很喜欢妈妈常常抚摩自己。这种通过皮肤传递的爱意使宝宝避免了焦虑、害怕等负面情绪，在大脑中产生安全、甜蜜的信号，既满足了心理需求，又促进智力的发育。妈妈可以在哺乳的同时抚摸宝宝；宝宝醒来时握住他的小手和小脚同他玩耍；抱宝宝时多摸摸他的后背和脑袋；平时多做抚触运动。

#### 手足运动

细心的妈妈总会发现，宝宝觉醒状态时的躯体运动，是他邀请父母进行游戏的一种表示，是和父母交往的一种方式。当父母和宝宝说话交流时，相当微妙的情景发生了：宝宝会转转小脑袋、抬抬小手、伸直小腿……这些运动与说话节奏相协调。当继续谈话时，新生儿会表演一些舞蹈动作，更使你意想不到的是，他竟会举眉、伸足、举臂。你甚至还会发现：说话人每发出一个音节就会引出宝宝一个新的动作，对你凝视、微笑、打哈欠、抓手……声音的停顿和变化，也会引发手足动作的变化。这些动作虽然简单，但一点一滴都代表着宝宝身体的发展，所以常常使年轻的父母欣喜异常。因此我们也不难发现，手足运动是宝宝还不能说话时和父母交流的最好方式。

### 表情

在宝宝醒的时候，妈妈可以多和宝宝做表情游戏，眨眼、皱眉，不论哪种表情，宝宝都会专注一段时间盯着你的脸。

### 闻

宝宝很快就能闻出妈妈的气味并牢牢记住，这种气味就像贴在妈妈身上的标签，能引导宝宝找到甜蜜的乳汁，完全是一种本能。因而妈妈不要使用味道浓烈的化妆品，以免宝宝闻不到熟悉的气味而哭闹。

### 哭

宝宝用哭来主动表达自己的感受，并期望获得回应。所以妈妈要学会分辨不同的哭声，及时听懂宝宝这种特殊的"语言"。

## 3种方法建立宝宝安全感

和新生儿进行情感交流最主要的是建立彼此间的"安全感"和"熟悉感"。建立"安全感"和"熟悉感"要做到以下几点：

❶ 宝宝哭泣要及时抚慰

宝宝哭泣的时候，父母要非常关注并能很快地出现在他面前，轻轻抱起他，并让他靠在自己的胸口。

❷ 满怀爱意回应宝宝的注视

宝宝心情好时会安静地注视着父母，这时，父母要用充满爱的目光来回应他。

❸ 时刻让宝宝感觉到你的存在

宝宝遇到陌生人、吃没有吃过的东西、听到不了解的物体发出的声响和动静时，他想马上触摸到父母。父母应该尽快地让他感觉到你的存在，并用温柔话语和轻轻抚摸来安慰宝宝。

## 爸爸也要和宝宝亲密接触

爸爸从妈妈怀里抱过来平时难得一抱的宝宝。谁料宝宝的脸立刻"晴转雷阵雨"，一下子哭得声泪俱下。爸爸怎么也哄不住，妈妈帮着也哄不住。无奈，爸爸只有把宝宝送到妈妈怀抱，不料宝宝一到妈妈怀里就立刻笑得灿若桃花……

在宝宝的成长过程中，妈妈往往起着非常重要的作用，相比较而言，爸爸对婴儿的关注的时间明显少得可怜了，因而宝宝和爸爸的关系往往比较疏离。要想改变这种现象，赢得宝宝的信任，爸爸也要和宝宝亲密接触。

比如，与妈妈一起出现在宝宝的视野中，多与宝宝进行"口语交流"，尽可能多抱抱宝宝，用手拍拍她，轻轻地抚摸她，和她做一些简单的游戏。这样既能使宝宝高兴，也能使爸爸在和宝宝的玩乐中放松一下疲惫的精神。经常性的身体接触会使宝宝增加对爸爸的信任。

总之，爸爸要得到婴儿的信任，就必须耐心地花一定的时间，通过身体的、语言的接触和"交流"逐渐赢得宝宝的信任，一起成为和妈妈一样的"可靠的人"。

# Part5

## 抚触按摩，
## 增强亲子感情的"催化剂"

　　温柔的抚触和按摩是一种爱的交流，宝宝很喜欢妈妈常常抚摩自己。这种通过皮肤传递的爱意，解决了宝宝皮肤饥饿的问题，避免产生焦虑、害怕等负面情绪，在大脑中形成安全、甜蜜的信号，既满足了心理需求，又促进智力的发育。对于母亲来说，抚触与按摩也能促进乳汁分泌，缓解工作压力与疲劳，增进与宝宝的心灵感应。

# 抚触，用指尖传递暖暖的爱

亲密 1+1

身为父母都会不由自主地抚摸宝宝的后背，或者亲亲宝宝的小脸蛋，用手指轻揉宝宝的小脚丫。而当宝宝跌倒摔疼，或是小手受伤了，他也会伸出指头要求母亲亲一亲，或者让妈妈触摸一下摔疼的部位……于是，神奇的效果就产生了，宝宝不再感到那么疼痛。

这种不经意的皮肤接触和触摸，可以使宝宝感受到父母对自己的浓浓爱意，从而抚平不安情绪，得到充足的心灵安慰。

为了进一步建立良好的、亲密无间的亲子关系，父母不妨日常对孩子多多做些抚触，这对孩子的健康和智力发展具有积极的意义。

国内外专家多年研究和临床实践证明，经常给宝宝进行系统的抚触，有利于其生长发育，增强免疫力，促进食物的消化和吸收，减少哭闹，提高睡眠质量。同时，抚触还可以增强宝宝与父母的交流，帮助婴儿获得安全感，发展对父母的信任感。

心理学研究发现，有过婴幼儿期抚触经历的人在成长中较少出现攻击性行为，乐于助人，合群，有团队精神。

另外，还有研究表明，抚触还能刺激宝宝大脑产生后叶催产素，让宝宝及父母平和安静。

抚触满足了婴儿肌肤渴望亲人爱抚、心理渴望亲人安慰的需求。而这一特点也就要求爸爸妈妈在给孩子进行抚触的时候一定要饱含感情，要不停地和孩子说话，给孩子亲吻，将自己的情感通过皮肤接触、声音和视觉、动觉、平衡觉综合传递给孩子，增加和孩子之间的情感交流。

抚触时，妈妈也可以借机教宝宝正确认识身体的器官名称。比如在做脸部抚触的时候，边做边对宝宝说，"这是你的眉毛，这是你的鼻子，这是你的嘴巴……" 反复强化一段时间后，宝宝便可以记住身体各部位名称。

另外，大人还要时刻关注宝宝的心理感受。因为小宝宝的注意力不能长时间集中，所以每个抚摸动作不能重复太多，切忌在宝宝过饱、过饿、过疲劳的时候抚触，否则不但不能让宝宝享受亲子之间的快乐，反而让他对此很反感。在目光相对的时候，甜美的微笑、细心的呵护、优美的音乐，都能够让宝宝产生愉悦享受的满足感。

一般孩子越大，和父母肢体接触的机会越少，最后甚至只有语言交流。父母若能够较好地掌握抚触时机和手法，从小养成给孩子抚触的习惯，孩子和父母之间的亲情一定会维持得很好。

若养母或奶奶、外婆等人能和亲生母亲一样给予孩子以触摸、拥抱与安慰等亲情的动作，孩子同样可以活泼健康地生活。所以育儿专家普遍认为，抚触的来源并不重要，重要的是通过抚触传达出给孩子的关怀与爱心。

总之，对孩子轻柔的爱抚，不仅仅是皮肤间的接触，更是一种爱的传递，珍贵的亲情体验。任何一个小动作，任何一次接触，都是你和宝宝共同的心灵语言。请好好珍惜这段难得的亲子相处时光吧。

TIPs：

据相关研究证实，出生后 0～2 个月开展抚触的儿童，比不做抚触的儿童智能发育指数 (MDI) 高 7.4 分。换言之，做抚触的孩子比不做抚触的孩子更聪明，早开始抚触的比晚开始的 (3 个月后开始) 效果更好。

育儿 1+1

## 细心做好抚触前期各项准备

### 抚触时机及时间

最佳时机：在两次喂奶之间（喂奶前 30 ~ 60 分钟，或喂奶后 90 分钟）；宝宝的情绪稳定，不累不饿，没有哭闹和身体不适的时候；宝宝睡觉之前。妈妈可以灵活地寻找其他与宝宝一起抚触的合适时间，如帮宝宝洗脚丫时就可以顺势做做脚部和腿部抚触。

最佳时间：先从 2 ~ 5 分钟开始，适应后，每次延长到 15 ~ 20 分钟，每天 2 ~ 3 次。

### 抚触前准备

◆ 环境准备：室温宜在 28 ~ 30℃，湿度宜在 50% ~ 60%。冬天需有暖气或加电暖器。

◆ 抚触者准备：取下戒指、手镯等有可能伤到新生儿肌肤的饰物；剪短指甲；为宝宝选择无刺激的润肤油（橄榄油）；用温水净手，并涂上润肤油（橄榄油）。

### 抚触力度

给宝宝做抚触时，手法力度要根据宝宝感受做具体调整。一般情况下，力度要从轻到重，循环递进，标准为：做完之后如果宝宝皮肤微微发红，则表示力度正好；如果皮肤不变颜色，则说明力度不够；如果只做了几下，皮肤就红了，说明力量太强。

随着宝宝的成长和适应情况，可逐渐加大力度，以促进宝宝肌肉协调。

### 6 个主要抚触部位

◆ 手部：可促进宝宝手部发育，增强宝宝手的灵活协调能力

◆ 腿部：促进宝宝腿部发育，增强腿部运动协调能力

◆ 腹部：有助于宝宝消化系统发育，保护肠胃

◆ 脸部：有助于宝宝面部放松，表情丰富

◆ 胸部：可促进宝宝呼吸系统发育

◆ 背部：可舒缓宝宝背部肌肉

### 抚触个性化

妈妈在给宝宝做抚触时，一定要尊重宝宝意愿，不要强迫他保持固定姿势，机械地按照从头到脚、从左到右的顺序，每个动作都一一做到。而应根据宝宝的喜好，打乱抚触的顺序，随机抚触宝宝喜欢的部位，比如有的宝宝喜欢别人抚摸他的小肚子，而有的宝宝则喜欢动动小手，伸伸小脚。

### 抚触禁忌

◆ 婴儿的脐痂未脱落时，腹部不要进行按摩，等脐痂脱落后再按摩。

◆ 婴儿情绪反应激烈、哭闹时，需立即停止抚触按摩。

◆ 勿将润肤油（橄榄油）直接涂在宝宝身上，以免滴入宝宝眼内，可先倒在大人掌心，然后轻涂抹在宝宝身上。

## 宝宝抚触具体操作手法

**头**

● 面对平躺着的小婴儿，将双手指间相对，手心向下放在其前额上，食指与发际相平。然后双手同时缓缓向后移动，经过头顶时用一手食指轻轻按压百会穴（在头部，在前发际正中直上5寸；或两耳尖经头连线的中点），再至脑后轻按哑门穴（在颈部，后发际正中直上0.5寸，第一颈椎下）。

● 重复3～5次。

**腮部**

● 把双手分开移至小婴儿的两腮部，食指轻柔翳风穴（在耳垂后方，乳突与下颌角之间的凹陷处），拇指揉听宫穴（面部耳屏前，下颌骨髁状突的后方，张口时呈凹陷处），手指沿两腮的颊车穴（两颊部下颌角上方约一横指（中指），当咀嚼时咬肌隆起，按凹陷处）、地仓穴（在面部口角外侧，上直对瞳孔）至下巴，并揉承浆穴（面部颏唇沟的中正凹陷处）。

**前额部**

● 将两手拇指横向放在婴儿的眉上，沿眉弓向两侧移动，至太阳穴（颞部眉梢与目外眦之间，向后约一横指凹陷处）时轻揉之，再画小圆圈。

● 重复3～5次。

**上颊**

● 将两手拇指分别放鼻梁两侧，向下和向外按揉，并将两拇指上颊部捌动到两侧。

● 重复3～5次。对于出牙的宝宝可以缓解疼痛。

**下颊**

● 将两手拇指分别放在小婴儿鼻梁两侧，沿颧弓按揉，向外滑至两侧。

● 重复3～5次。

**上腭**

● 将两手拇指放于上唇处中央，揉按压向外滑动至两耳，并揉按人中沟。

● 重复3～5次。

### 下腭

● 将两手拇指放于下唇下方，轻按压，揉小圆圈向外滑动至两侧，并揉按承浆穴、地仓穴、颊车穴。

● 重复3-5次。时间不要过长，以免增加宝宝流口水。

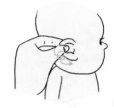

### 耳朵

● 用拇指和食指相对捏住耳廓上方，用指腹作小圆圈按摩小婴儿的耳部至耳垂。

● 重复3～5次。

### 上臂

● 双手从上臂滑动至小婴儿的双手，再移向指尖。双手同时运行。

● 重复第一、二步3～5次。注意不要过于用力，以免宝宝脱臼。

### 捏揉上肢

● 两手食指和拇指成圈状套在婴儿手臂上按揉并转动，同时轻轻往下滑动，至腕处停止。

● 重复3～5次，两手交替进行。

### 手心

● 一只手托住婴儿手腕，掌心朝上。另一只手的拇指从掌根向指尖滑动。重复3～5次，两手交替进行。

● 还可在手心处作顺时针揉压。两手交替进行。

### 手背

● 一只手握住婴儿的手腕，掌心向下。另一只手拇指按住婴儿的手腕边的掌臂上，手指伸进掌心。用拇指和食指施压，然后从掌心向指尖滑动。并在合谷穴（在手背第1、2节骨间，第2掌骨桡侧的中点处）位处作顺时针揉压。

● 重复3～5次，两手交替进行。

### 腹部

● 右手掌放平，动作轻柔地按照顺时针方向，自右下腹经右上腹、左上腹滑向左下腹，画圆抚摸宝宝腹部，并注意避开肚脐。

### 背部

● 宝宝呈俯卧位，两手掌分别于脊柱两侧由中央向两侧滑动，反复3～4次。

● 双手逐渐平移，从肩部处移至尾椎，反复3～4次。

● 五指并拢，掌根到手指成为一个整体，横放在宝宝背部，手背微微拱起，力度均衡地交替从宝宝脖颈至臀部，反复3～4次。

### 胸部

● 双手放宝宝两侧肋骨边缘，先右手向上滑向宝宝右肩，复原；再换左手向上滑至宝宝左肩，复原。
● 反复 3～4 次。

### 腿部抚触

● 用拇指、食指和中指，轻轻揉捏宝宝大腿的肌肉，从膝盖处一直按摩到尾椎下端，反复 3～4 次。
● 用一只手握住宝宝的脚后跟，另一只手拇指朝外握住宝宝小腿，沿膝盖向下捏压、滑动至脚踝，反复 3～4 次。

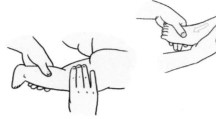

### 脚掌

● 一只手托住宝宝的脚后跟，另一只手四指聚拢在宝宝的脚背，用大拇指指肚轻揉脚底，从脚尖抚摸到脚跟，反复 3～4 次。

## 抚触亲子儿歌

眉毛下巴额两边，宝宝微笑乐呵呵
胸部交叉又循环，腹部顺时轻柔按
捏挤搓滚小棒手，摸摸掌心提指尖
小腿手法同手臂，然后脚掌脚趾尖
背上分分又合合，经常抚触身体健

圆圆的小头笑笑的脸
宽宽的脑门大大的眼
高高的鼻子可爱的牙
甜甜的小嘴转一转
宝宝的耳朵在两边
捏捏揉揉爬上山

摸摸小脑袋，越长越聪明
摸摸小下巴，天天笑哈哈
摸摸小脑门，舒服又自在
推推小胸脯，宝宝赛老虎
揉揉小肚皮，每天便便好
捏捏小胳膊，越长越灵活
揉揉小手心，可爱又精神
拉拉小手指，能睡又能吃
捏捏小腿儿，长成大高个
翻翻小身体，宝宝不闹腾
捋捋小后背，怎么都不累
穿上小衣服，游戏结束啦

弯弯眉毛像月牙，宽宽脑门学问大
乌黑头发浓又密，嘴角上翘笑哈哈
胸肩捏捏身体壮，腹部揉揉助消化
四肢搓搓真好玩，手脚灵巧人人夸
背部捋捋腰板直，肋部按摩好舒服
臀部揉揉收又翘，画个问号我知道
推推脚心去火气，锻炼身体壮娃娃

巧巧手，巧巧手，长着十个小指头
你帮我，我帮你，好象十个好朋友
我的头，我的肩，这是我的小胸脯
我的腰，我的腿，这是我的膝盖
小小手，小小手，小手真可爱
上面还有我的十个手指头
我的头，我的肩，这是我的小胸脯
我的腰，我的腿，这是我的膝盖
小小脚，小小脚，小脚真可爱
上面还有我的十个脚指头

宝贝宝贝你真乖
粉嫩小脸脑门帅
妈妈双手搓搓热
摸摸宝宝传递爱
眉头顺起眉尾落
舒缓紧绷美起来

宝宝下颌好可爱
妈妈亲亲乐开怀
拇指放你颌中央
四指稳定两腮
妈妈拇指徐徐按
亲近双耳笑颜开

为了宝宝更聪明
妈妈双手交替动
发际滑向脑后枕

EQ 提高耳目聪

宝宝你要早知道
呼吸顺畅很重要
双手放在肋边缘
胸口交叉划错号
右手滑向左肩膀
左手又向右肩跑
小心翼翼躲乳头
妈妈一定做得好

脐痂脱落揉肚肚
顺时方向到下腹
妈妈右手上下来
右腹画个英文"I"
倒置"L"小乖乖
从右到左大步迈

排泄要靠倒写"U"
舒缓便秘来得快
妈妈开心大声说
I LOVE YOU
妈的宝贝 妈的爱

妈帮宝宝揉上肢
动作轻缓不硬揪
沿着上臂向手腕
还有掌心和指头
揉完左边捏右边
手臂灵活更自由

夹住小腿上下滚
双侧下肢捏个够
腿根膝盖脚踝骨
更不放过脚趾头

挤挤捏捏更健壮
一个角落都不留

宝宝趴下抚后背
中分脊柱两边推
双手脊椎成直角
颈部向下又来回

螺旋拿揉后腰骶
弧形滑动小屁屁
抚触按摩宝宝乐
增加体重安情绪
母子感情日渐厚
大大增强免疫力
感受妈妈深深爱
宝宝天天笑眯眯

# 亲子操——通过肢体接触加深心灵沟通

## 亲密 1+1

玩是宝宝的天性。在玩中，家长可以科学地引导宝宝进行合理适度的运动，就可以培养出一个聪明健康的宝宝。亲子操大大增加了亲子间肢体的接触，对宝宝身心健康有莫大的好处，可谓是一种寓教于乐的亲子运动。

和宝宝一起做亲子操，既能直接培养宝宝的动作技能，还能开发宝宝大脑并促进身体协调发展，更重要的是它能帮助建立亲子感情，是增进亲子关系的大好时机。

亲子操可以随时做，不需要拘泥于场地。在游乐场、公园的时候，家长可以和宝宝一起做亲子操，或者是大钟摆、或者是宝宝飞等等。将游戏充分结合在生活中，在游戏中既锻炼了身体又享受了亲子时间。

在做操的同时，大人可以配合动作有节奏地唱一些儿歌，并注意观察宝宝的表情，用宝宝喜欢的内容、方式与宝宝进行沟通，和宝宝聊聊天，和颜悦色地问问他："宝宝舒服吗？""好不好玩啊？""宝宝真乖。"即使给几个月的小宝宝做体操时，也和他说说笑笑，虽然看起来宝宝还不理解父母的话，但是他会看到父母的表情，懂得父母传递给他的情绪，这种情绪也会感染他，他就会有回应，笑着享受着。

同时，大人还要多给宝宝一些鼓励，如"你真棒"，"宝宝真厉害"，对宝宝竖起大拇指等等。一方面可以让宝宝更加自信，享受运动中的满足感，进而更加愉悦；另一方面还可以让宝宝的运动神经系统和语言更加发达，如做"宝宝飞"动作时不断鼓励宝宝 "向上再向上"，宝宝会配合着向上倾身，也逐渐理解语言的意思。

大一些的宝宝做会了一些动作，就会不满足于现有动作，有时自己会创造几个小动作。父母这时要因势利导，让宝宝在安全的范围内体会到自己"编操"的乐趣，宝宝就会对运动更感兴趣。

爱孩子是父母的天性，但爱不能只藏在心里、只存在于父母的认知上，而是要让孩子感觉、体会得到。做到这点并不难，即使只是一个拥抱、一次轻抚、陪孩子玩一会，和孩子做做亲子操，都能拉近亲子间的距离，让孩子感到快乐。

习惯成自然，若父母在孩子小时就养成亲子间甜蜜的互动，日后的接触就不会觉得别扭。

## 育儿 1+1

### 细心做好做操前期准备

#### 做操前准备工作

● 把手洗净，冬天则将手搓热，指甲不宜过长，摘掉手表或者首饰，以免划伤宝宝皮肤。

● 家长和宝宝衣服应轻便、宽松（无纽扣为最佳）。

● 一般做操次序为先上肢，再下肢，后躯干。

#### 做操最佳时间

最好在哺乳（吃饭）1 小时后和睡觉前 1 个小时的游戏时间，这时宝宝情绪好，吃的食物又消化了一段时间。

#### 做操三原则

● 需要循序渐进，由慢到快
● 锻炼必须持之以恒
● 要保持正确的动作姿势

#### 亲子操力度

● 强度不宜太大。因为宝宝肌肉柔嫩，耐力差，心脏负荷小，做操时只要宝宝有些微汗，面部微红，不气喘，就说明活动量较为合适。

● 动作要轻柔、缓慢，有节律，切忌手重，用力过度牵拉，以免损伤婴儿的骨骼、肌肉和韧带。

#### 做操注意事项

● 做操前抚摸宝宝全身，使他全身放松。如果有条件，放一些轻松而优美的音乐更好。

● 哺乳、饭后不能立即做操，以免加重宝宝肠胃负担。

● 宝宝情绪低落或哭时也不能做操，以免引起宝宝反感。

### 亲子操具体操作步骤

每天和宝宝一起做做亲子操，对促进亲子感情大有裨益。但在做亲子操的过程中，各种动作一定要姿势正确。父母应尽可能地按照图示和文字的要求去做。只有每个动作做得正确、有力，才能起到锻炼身体的作用。

**0～3个月**

### 打水操

● 让宝宝平躺，握住宝宝双腿脚踝。

● 先将宝宝的左脚上下摇一次，再将宝宝的右脚上下摇一次，如同双脚打水状。

● 也可以在宝宝的脚踝施力，先弯曲→伸直宝宝的左脚后，再弯曲→伸直宝宝的右脚。

● 每天 2~3 遍，每遍 2~3 次。

### 打鼓操

● 让宝宝平躺，握住宝宝双手各自向左右两边撑开。

● 将左手向宝宝胸部反折，在胸口轻敲一下后返回原点。

● 以同样的动作，右手也做一次。

● 左、右两手一同向宝宝胸口敲一次。

● 每天 2~3 遍，每遍 2~3 次。

### 仰卧姿势

● 让宝宝平躺。

● 妈妈双手握住宝宝的腰部，将宝宝的腰部略向上抬。

● 每天 2~3 遍，每遍 2~3 次。

### 俯卧姿势

● 让宝宝趴着。

● 同样以双手握住宝宝的腰部，将宝宝的腰部略向上抬。

● 每天 2~3 遍，每遍 2~3 次。

### 横托抱

● 右手抓住宝宝的右手腕上提的同时，用左手托在宝宝的颈背部，随后右手托住宝宝的臀部，托至胸前。

● 两手距离逐渐加大，宝宝的背部开始会下垂。当宝宝的身体下降到一定程度时就会出现本能的挺胸动作。新生儿一般可挺 3—5 秒钟。然后妈妈的双手逐渐向内靠拢。

● 每天 2~3 遍，每遍 2~3 次。

### 中托抱

● 家长双手托住宝宝的腰背部，慢慢托起，使宝宝身体呈桥形，身体充分展开。

● 每天 2~3 遍，每遍 2~3 次。

### 反托抱

● 宝宝身体呈俯卧状，家长用双手抓住宝宝的肘部向后拉，双手向内合，手心向上，托住宝宝的胸腹部，身体重心部位慢慢托起，使宝宝身体呈弓状。

● 每天 6~10 次，每次抱起 10~30 秒。

### 浴巾操

● 让宝宝躺在浴巾中间，妈妈爸爸各抓住浴巾的两个角向上提，并左右摆动；

● 当宝宝高兴以后，逐渐增加摆动速度和摆动方向；

● 每天 2 遍，每遍 5~10 分钟。

### 提腿运动

● 宝宝俯卧在床上，妈妈在宝宝的后面双手抓住宝宝的双腿向上提；

● 提到宝宝的胸部着地；

● 每天做 3~4 遍，每遍 5~10 次。

### 托腋站立

● 宝宝躺在床上，妈妈双手托在宝宝的双腋下，垂直向上托。

● 托到一半的时候要停住，让宝宝反射性地挺腹、蹬腿。

● 每天 3 遍，每遍 3-6 次。

### 举高高

● 妈妈盘腿坐下，双手向前托住宝宝，动作轻柔地上下运动。

● 每天做 3~4 遍，每遍 5~10 次。

**4～6个月**

### 扭扭操

● 让宝宝平躺，握住宝宝双脚。

● 将左脚抬起，交叠于右脚上（此时宝宝的腰部应该微微扭转）。

● 恢复平躺，再换右脚交叠于左脚上，如此左右重复各 10 次。

### 拉大锯

● 妈妈伸直双腿，让宝宝躺在自己腿上，与宝宝面对面；

● 妈妈拉着宝宝的手，先后一躺一坐。随着宝宝能力的增强，尽量前屈大一些。

● 每天 2~3 次，每次做 3-5 分钟

### 拉腕站立

● 宝宝躺在床上，妈妈双手抓住宝宝的腕部，向垂直方向提起，速度要慢；

● 提到宝宝臀部离开床时停止，宝宝反射性地挺腹、蹬腿，然后拉成站立。

● 每天练习 2~3 次，每次 3~5 下。

### 飞机抱

● 家长一手托住宝宝的胸部，一手托住宝宝的脚部；

● 将宝宝托起来。

● 每天 1~2 次，每次 2-3 分钟。

**7～9个月**

### 匍匐操

● 让宝宝趴着。

● 妈妈至宝宝前方，呼喊或以玩具诱使宝宝向前爬行。

● 每天2遍，每遍5~10分钟。

### 手部操

● 妈妈抓着宝宝的手腕，教宝宝拍手。

● 除拍手外，还可以延续做拍拍腿、摸摸鼻子（9耳朵、脑袋）等动作。

● 每天2遍，每遍5分钟。

### 飞机操

● 妈妈屈膝而坐，并用双手拉着宝宝的手腕，同时以脚掌顶住宝宝的腹部。

● 妈妈逐渐往后躺下；此时，腿部的角度维持不变，同时宝宝的身体会逐渐上升。

● 妈妈利用腿部的力量，上下摆动宝宝。

● 每天2遍，每遍5~10分钟。

（备注：初练习时，可请家人在一旁扶助。）

## Tips

7~9个月的婴儿，已经有了初步的自主活动能力：能自由地转动头部；自己翻身；独坐片刻；双下肢已能负重，并能上下跳动等，这样就能配合大人做主动运动了。

这一时期的亲子操也叫做婴儿主被动操，其中"主被动"是指在成人的适当扶持下，加入婴儿的部分主动动作来完成。婴儿每天进行主被动操的训练，可活动全身的肌肉关节，为爬行、站立和行走打下基础。

做操的过程中，成人的动作要轻柔而有节奏，最好放些轻柔的音乐，以利于婴儿积极主动地配合。

另外，悬空摆动或举高宝宝的时候，动作幅度不要太大，用力也不要太猛，否则容易发生危险。

10 ～ 12 个月

### 蹬蹬操

● 妈妈位于宝宝后方，握住宝宝的手；

● 缓缓将宝宝拉起，至宝宝站起来；

● 借着妈妈的扶助，让宝宝向前蹬走。

● 每天 2 遍，每遍 5~10 分钟。

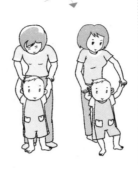

### 仰卧起坐

● 宝宝平躺，妈妈略压着宝宝的脚踝；

● 出声诱使宝宝自己坐起来。

● 每天 2 遍，每遍 6 分钟。

### 踏脚操

● 让宝宝平躺，并用自己的手掌顶住宝宝的脚掌。

● 将自己的手假想是脚踏车的踏板，帮助宝宝做踏脚动作。

● 每天 2 遍，每遍 5 分钟。

### UP UP 操

● 让宝宝平躺，并要宝宝紧握妈妈的手指（但是妈妈不握宝宝）。

● 藉由宝宝的握力，辅助宝宝坐起。

● 妈妈的双手向上拉（此时宝宝仍须紧握着妈妈的手指），帮助宝宝站起来。

● 每天 2 遍，每遍 5~7 分钟。

1~2岁

### 爬大树

● 家长双手握住宝宝的手腕向上提，身体稍后仰，让宝宝的脚蹬在家长的身上，并不断提示宝宝"向上"、"向上"。

● 每天2遍，每遍5~10分钟。

---

### 提膝爬行

● 宝宝俯卧，前面放一玩具小卡车、球等玩具；

● 妈妈双手抓住宝宝两只脚踝，往上提，宝宝双手支撑，腹部离开地面；

● 妈妈示意宝宝用双手向前爬行，伸手去拿玩具。

● 每天2遍，每遍5~10分钟。

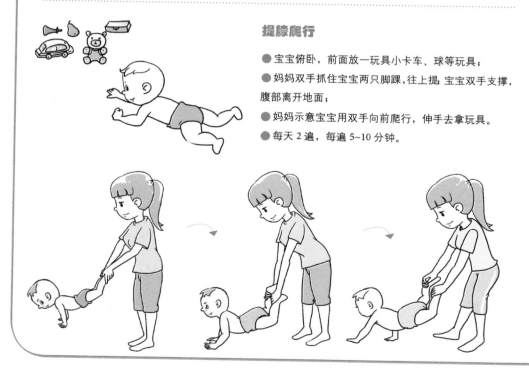

### 高矮变变变

● 大人喊口令："变高！"同宝宝一起踮起脚尖，伸直身体、举起双手，人变高了很多。

● 再喊："变矮！"蹲下双腿，弯腰低头，双手抱住膝盖，身体变成一个球状，变矮。

● 喊口令时开始要慢一些，大人要帮宝宝纠正姿势，姿势正确后口令可以加快。

● 让宝宝喊口令，宝宝自己喊、大人和宝宝一起做。

### 鸟儿飞

● 妈妈和宝宝面对面而坐，妈妈双手侧平举，并不断地上下运动手臂，让宝宝跟着妈妈一起做。

● 每天 2 遍，每遍 50~100 次。

### 坐山轿

● 家长两人面对面，两人的右手手指相交，手指扣住对方手的手背，掌心向上，让宝宝坐在两手的连接点上，另两只手一前一后形成一个保护圈；

● 刚开始扶一下宝宝，随着宝宝长大，让其独自控制坐在大人手上；

● 根据宝宝喜欢程度可以加一些摆动、移动动作。

2～3岁

## 多变吊环

● 准备小硬呼啦圈1个。

● 爸爸（妈妈）双手拉住呼啦圈的一端，让孩子双手握住呼啦圈的另一端，孩子不用力。

● 大人唱："1234，吊环升高了。2234，吊环下降了。3234，吊环转起来，4234，吊环不转了。"
根据歌词不断地往上提、向下按，再左右旋转（像转方向盘一样）。大人注意控制起降的速度和力度，
安全训练孩子的平衡能力以及手指小肌肉、手臂和腿部的力量。

● 等孩子动作熟练后，可以让孩子单手拽"吊环"。

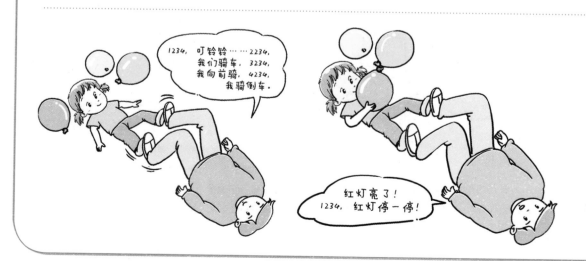

## 袋鼠捡"果子"

目标：发展孩子跳跃、投掷、追逐跑的能力。

● 准备围裙1件，"小果子"（彩色塑料小球）若干个。

● 将"小果子"散落在"果园"各处。

● 妈妈来扮演袋鼠妈妈，系上围裙，手拉围裙边缘，充当袋鼠妈妈的"大口袋"，双脚向前跳跃。

大袋鼠小袋鼠，来到果园拾果子；小袋鼠动作快，一把扔进口袋里。

● 由孩子扮演小袋鼠，学小袋鼠练习跳跃的动作，一边跳跃，一边捡"果子"。捡到之后，看准妈妈的大口袋，往里扔进去。

● 玩的过程中，妈妈可以和宝宝一起唱："大袋鼠小袋鼠，来到果园拾果子；小袋鼠动作快，一把扔进口袋里。"

● 刚开始时，为提高准确率，袋鼠妈妈可灵活一点，让"大口袋"配合"果子"做移动，以资鼓励；熟练以后，袋鼠妈妈就可以向孩子提要求，比如让孩子"看得准，投得快"。

## 快乐小骑手

● 准备垫子1张，红、黄、蓝彩色气球各1个。

● 爸爸和宝宝脚心对脚心仰卧着，唱着《小骑手》："1234，叮铃铃……2234，我们骑车，3234，我向前骑，4234，我骑倒车"的节奏，一前一后地蹬腿（家长和孩子的蹬腿方向互换），像骑自行车一样。

● 爸爸发出指令："红灯了！"并和宝宝唱"1234，红灯停一停"，示意宝宝用双手托起红色气球，双脚停止蹬腿。反之，"绿灯了"，爸爸和宝宝唱"2234，绿灯开始走"，同时用双手托起绿色气球，加快速度蹬踏；"黄灯了"，爸爸和宝宝唱"3234，黄灯慢慢行，4234，安全在我心"，同时用双手托起黄色气球，减慢蹬踏速度。

NO.3 小儿推拿——爱的治愈，陪伴宝贝健康成长

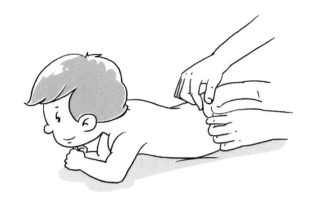

亲密1+1

婴幼儿脏腑娇嫩，各器官功能发育还不完善，因而对各种疾病的抵抗、防御能力相对较弱，容易患各种疾病。

传统中医注重"不治已病治未病"，即在没有生病的时候就注意保健，增强体质；这样一旦有外邪侵袭人体时，就能大大减少生病的几率，或者即使生病了也症状轻浅、好得快。

日常保健推拿就是一种极其有效的"治未病"方法，对于体质较弱的婴幼儿来说，显得尤为重要。

推拿在我国源远流长，自古就有"经络不通，病生于不仁，治之以按摩推拿"之说。如果妈妈每天坚持为宝宝进行保健推拿，能更好地促进宝宝发育，提高宝宝自身免疫力和抵抗力，增强体质，减少生病，或者减缓生病时的不适，从而健康强壮地生长。

推拿不是一种机械的运动，它由妈妈和宝宝协同完成，传递着爱、关怀、亲吻和拥抱，带给妈妈、宝宝共同的愉悦体验。因而，不仅有利于宝宝的健康，还是父母与宝宝情感沟通的桥梁。

当妈妈为宝宝推拿时，皮肤相互接触就会起到连接母婴情感的作用，从而有助于营造出一个温暖、积极的亲子氛围，让宝宝感受到妈妈浓浓的爱意。

另外，在妈妈充满耐心和爱的推拿动作下，宝宝也会觉得自己被重视，大大增加自信心。

## 育儿 1+1

### 细心做好推拿前期准备

**推拿前期准备**

◆ 环境准备：地方要避风、避强光、噪音小，室温宜控制在 28 ～ 30℃，湿度宜在 50% ～ 60%。环境要安静、整洁、舒适。

◆ 推拿者准备：取下戒指、手镯等有可能伤到新生儿肌肤的饰物；剪短指甲，用指甲刀锉锉平；为宝宝选择无刺激的润肤油（橄榄油）；用温热水净手，并涂上润肤油（橄榄油）。

◆ 宝宝准备：观察宝宝的情绪，若状况不错、心情很好，即可推拿。

◆ 尽量事先控制好一切外因，避免有人打扰。

**操作顺序**

一般先头面，次上肢，再胸腹腰背，最后是下肢；也可先重点，后一般；或先主穴，后配穴。

**推拿时间**

应控制在 20 ～ 30 分钟，如果宝宝的状况无法持续到 20 分钟，即使 5 分钟也没关系，一定要以宝宝状态来决定时间长短。

**推拿力度**

均匀、柔和、轻快、持久。

**注意事项**

◆ 宝宝半岁以上方可推拿。

◆ 随时观察宝宝的喜好与状况，依情况增减推拿动作，不必拘泥于形式主义，只要让宝宝感到舒适，便于操作即可。

◆ 推拿时，应避开皮肤伤口及发炎之处，其他地方仍可施行。

◆ 推拿过程中，如有电话响或有人打扰等情形需中断，应先安抚宝宝，再将宝宝抱起来去处理事情。

> TIP：宝宝日常推拿功效
>
> ◆ 未病先防，增强免疫力，保证小儿气血充盈，饮食不偏，食欲旺盛、发育正常等，提高小儿对疾病的抵抗力。
>
> ◆ 缓解、解除小儿病痛，对发热、感冒、咳嗽、哮喘、流口水、腹痛、腹泻、便秘、厌食、营养不良、夜啼、遗尿、近视、小儿肌性斜颈等多种常见病有良好的治疗作用。
>
> ◆ 防病传变，小儿推拿可以起到预防发病、防止传变以及发生危急病症的作用。

## 宝宝日常保健推拿手法

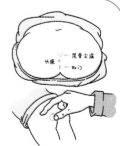

### 拿肚角

位置：肚脐旁开 2 寸腹直肌处

操作：令宝宝仰卧，沿肚角穴（肚脐旁开 2 寸腹直肌处），用两手拇指与食指、中指对合作拿法，自上而下拿 3 ~ 5 次。

功效：能祛寒散结、消淤止痛、理气通便，治疗腹痛、腹泻、便秘等。

### 推尾骨（推上七节骨）

位置：自第 4 节腰椎到尾骨之间成一直线。

操作：用拇指或食、中指指腹向上直推 100 ~ 200 次。

功效：止泻，对脾胃虚弱、伤食有疗效。

### 揉长强

位置：肛门与尾骨之间。

操作：用指尖作揉法 100 ~ 200 次。

功效：可止泻，对治疗遗尿也有好处。

### 推脾经

位置：拇指螺纹面；拇指桡侧缘。

操作：旋推拇指螺面或屈其拇指，沿拇指桡侧缘直推约 300 次。

功效：对腹泻、消化不良、呕吐、疳积等有疗效。

### 揉板门

位置：手掌大鱼际平面。

操作：用指端揉 100-300 次。

功效：对腹泻、消化不良有疗效。

### 推尾骨（推下七节骨）

位置：自第 4 节腰椎到尾骨之间成一直线。

操作：揉、旋推 300 次，掐 3 ~ 5 次。

功效：用拇指或食、中指指腹从上往下直推，能治疗腹胀、便秘。

## 揉天枢

位置：两天枢穴

操作：令宝宝仰卧，用食指、无名指同时按揉两天枢穴 3～5 分钟。或与脐同揉，即三指揉脐及天枢。

功效：能调理大肠气机，治疗食积腹胀、便秘、泄泻等。

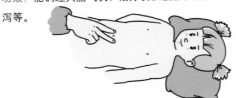

## 推肾水

位置：手小指末节螺纹面。

操作：用拇指沿宝宝指根推向指尖。2 岁以下宝宝每次推 200 次（2 分钟左右）；2 岁以上宝宝每次推 300 次（3 分钟左右）。

功效：治疗食积腹胀、便秘。

## 清大肠

位置：食指桡侧缘，自食指尖至虎口成一直线。

操作：以左手托住宝宝之手，以右手拇指桡侧从宝宝虎口推向食指尖。

操作强度：2 岁以下宝宝每次推 100 次（1 分钟）。2 岁以上宝宝每次推 200 次（2 分钟）。

功效：治便秘，促消化。

## 摩腹

位置：腹部。

操作：宝宝仰卧，大人用掌或四指在腹部顺时针作摩法。2 岁以下宝宝每次 200 次（2 分钟）；2 岁以上宝宝每次 300 次（3 分钟）。

功效：治便秘，对增强体质、疏通经络、防病抗衰、延年益寿也极其有效。

## 捏脊

位置：大椎至长强成一直线，左右旁开 1 厘米处。

操作：以双手拇指与食指并拢，从尾椎骨沿脊柱两侧向上捏，连皮带肉用力捏起即放下，一起捏至颈部发际处为止，以脊柱两侧皮肤微有潮红为有效。2 岁以下宝宝每次 5 遍（2 分钟）；2 岁以上宝宝每次推 8 遍（3 分钟）。

功效：除可防治便秘外，对食积、疳积、呕吐、泄泻也有疗效，还可消除肝、脾肿大，并有医治百病与抗癌作用。

## 按揉足三里

位置：膝下 3 寸，胫骨前嵴外 1 横指处。

操作：用双手拇指分别按揉双侧足三里穴。2 岁以下宝宝每次揉 100 次（1 分钟）；2 岁以上宝宝每次推 200 次（2 分钟）。

功效：除可防治便秘外，还可健脾胃、理中气、消食滞、通经络、强身健体，增强抵抗力等。对治疗腹胀、腹痛、泄泻、呕吐等消化系统疾病也有疗效。

足三里

129

## 感冒止咳

### 推坎宫

**位置：** 自眉心起，沿眉毛上缘至眉梢。

**操作：** 令宝宝正坐或仰卧，大人双手四指扶住小儿头部两侧，用拇指螺纹面于坎宫穴向两侧分推 30 ～ 50 次。

**功效：** 能疏风解表、开窍明目、止头痛，对感冒发热头痛无汗，近视等眼疾也有疗效。

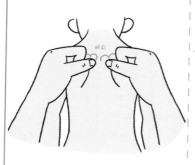

### 分推肩胛骨

**位置：** 后背肩胛骨。

**操作：** 沿肩胛骨骨缝从上向下推如弯月。

**功效：** 宣肺止咳，对久咳急气患儿适用。

### 揉肺俞

**位置：** 第三、四胸椎间，正中线旁开 1.5 寸处。

**操作：** 用双手拇指指尖作揉法（右手为顺时针，左手为逆时针），每天 2~3 次，每次两分钟。

**功效：** 止咳宣肺。

### 揉天突

**位置：** 胸骨上窝正中。

**操作：** 用拇指或中指按揉。约 15~30 次。

**功效：** 对缓解、治疗咳嗽、气喘、胸闷、恶心、咽喉肿痛、呕吐等有效。

### 运内八卦

**位置：** 掌心内劳宫四周。

**操作：** 用拇指或中指腹作顺时针方向运转，约 50~100 次。

**功效：** 对咳痰不爽，胸闷、腹胀、呕吐、食欲不振等有疗效。

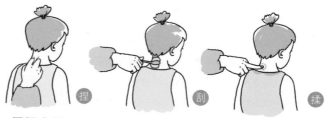

捏　刮　揉

### 揉捏大椎

**位置：** 大椎穴。

**操作：** 令宝宝俯卧或端坐，用拇指或中指端按揉大椎穴 50 ～ 100 次，为揉大椎；或用食指、中指屈曲，蘸水在穴上提捏，为捏大椎；或用汤匙刮至皮下轻度淤紫，为刮大椎。

**功效：** 揉大椎能清热解表，治疗感冒发热项强；捏、刮大椎能止咳平喘，对百日咳有一定疗效。

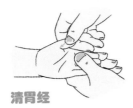

### 清胃经

位置：拇指掌面近掌端第 1 节。

操作：向指根方向直推 300 次。

功效：对感冒咳嗽、腹泻、呕吐有疗效。

### 膻中穴

位置：在体前正中线，两乳头中间。

操作：用拇指或食指的指肚在穴位处按顺时针或逆时针方向轻轻按压，每天 2~3 次，每次 2 分钟。

功效：可以缓解胸闷、咳喘、吐逆等症状。

### 清肺经

位置：无名指末节螺纹面。

操作：旋推或向指尖方向直推约 200 次，或由指尖向上直推 100 次。

功效：对胸闷、咳喘有疗效。

### 涌泉穴

位置：前脚掌处第二、第三趾趾缝纹头端与足跟连线的前三分之一处凹陷的"窝"底处。

操作：搓热大拇指，轻轻按压、揉、推涌泉穴 30~100 次。大点的宝宝也可以"蹭脚掌"，盘腿坐在床上，两只手抱着两只脚，让脚掌对搓发热即可。

功效：止咳祛寒，强身健体。推涌泉能引火归元、退热除烦，治疗五心烦热、盗汗等；揉涌泉能止吐泻；搓涌泉则能祛寒湿、益肾、止咳，可用于保健；按压涌泉可预防感冒，也有缓解便秘，促进睡眠，强身健体，补肾壮骨等作用。

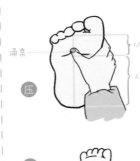

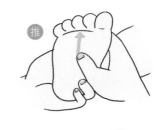

### 清肝经

位置：位于食指末节螺纹面。

操作：用拇指螺纹面着力，从指尖方向向指节方向约直推 100~500 次。

功效：祛肝火，止咳。

### 推脊柱

位置：上起大椎穴，下至尾骨之间成一直线。

操作：用食、中指指腹由上而下直推。

功效：退热，发汗。

### 推三关

位置：小臂前侧，自腕横纹至肘部成一直线。

操作：以拇指桡侧面或食、中指腹自宝宝腕关节桡侧推向肘。2岁以下推100次（1分钟）；2岁以上推200次（2分钟）。

功效：退热，发汗。

### 清天河水

位置：小臂内侧，自腕横纹中点至肘横纹中点成一直线。

操作：用拇指侧推或用食、中二指指腹自腕横纹向肘横纹直推，推100~150次。

功效：有退热、宁心、安眠作用，还能治疗烦躁不安、口渴、口舌生疮、惊风等热症。

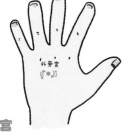

### 退六腑

位置：小臂后侧，自腕横纹至肘部成一直线。

操作：用拇指或食、中两指指腹自肘部向前直推向腕部，约100~500次。

备注：退六腑大寒，只有40℃以上高热才可用。

### 揉外劳宫

位置：第三掌骨背侧，腕横纹至掌骨小头连线之中点。

操作：用指尖作揉法，100~150次。

功效：有清热、镇静、止痛作用。

## 宁心安神

### 按揉耳后高骨

位置：耳后乳突后缘下凹陷中。

操作：用两手拇指螺纹面同时按两耳后高骨穴3~5次，为按耳后高骨；若用两拇指螺纹面揉100次，则为揉耳后高骨。

功效：疏风解表、安神除烦，治疗感冒头痛、烦躁惊风。

### 掐揉小天心（鱼际交）

位置：手掌大小鱼际交接处凹陷中。

操作：一手托宝宝手掌，使其掌心向上，用另一手拇指甲掐刺小天心穴3~5次，继用拇指螺纹面揉100~300次。

功效：清心火、安神镇惊，治疗烦躁不安、夜啼、神昏惊风、口疮、上火等病证。

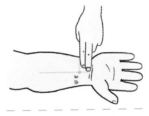

### 揉内关

位置：伸臂仰掌，腕横纹上2寸（以患者的手量），两筋之间。

功效：有宁心安神，镇静止吐作用。

### 掐揉总筋

位置：掌后腕横纹中点。

操作：一手握宝宝手掌，使其掌心向上，用另一手拇指甲掐总筋穴3~5次，继用拇指端揉30~50次。

功效：可清心火，宁心安神，调和脏腑，治疗惊风、夜啼、潮热、吐泻、口舌生疮、牙痛等外感内伤诸证。

### 开天门

位置：两眉中间至前发际成一直线。

操作：令宝宝正坐或仰卧，大人用两手食指、中指、无名指扶持其头，以拇指桡侧缘或螺纹面于天门穴自下而上交替直推30~50次。

功效：可镇静安神、疏风解表、开窍醒脑，对治疗感冒发热无汗、精神萎靡、惊惕不安等有疗效。

## 消积顺气

### 搓摩胁肋

位置：两腋下

操作：宝宝正坐或抱于怀中，将两手交叉搭在两肩上，大人五指伸直并拢，用双手掌指插入病人两腋下，循腋正中线胁肋自上而下反复搓摩。

功效：顺气化痰、宽中消食，治疗胸胁闷胀、咳嗽气喘、食积等证。

### 分推大横纹（分阴阳）

位置：大横纹穴（掌后腕横纹）。

操作：双手握宝宝手使其掌心向上，两食指固定其腕部，中指、无名指、小指托住儿手背，用拇指桡侧缘或螺纹面，于掌后腕横纹自中点向两旁分推 100 ～ 300 次。

功效：能平衡阴阳、调和脏腑、消食祛痰，治疗呕吐、泄泻、痰喘等外感内伤诸证。

## 通鼻开窍

### 擦鼻柱

操作：用两手指擦鼻的两侧，由鼻尖向鼻根，再由鼻根往鼻尖揉，上下来回揉动，反复约 20~30 次。

功效：有通鼻开窍之效，可用于防治宝宝体虚感冒。

### 揉迎香

位置：位于鼻翼外缘中点旁开 0.5 寸，在鼻唇沟中取迎香。

操作：用手指尖按压迎香，一边按一边振动，达到酸胀感为止。每次约 5~10 分钟。

功效：缓解鼻塞，面部浮肿。

　　每个孩子从出生时，就是个有独立思维能力的完
整个体。他每个无理取闹的行为背后都有原因，都需
要父母去了解。时刻尊重、理解孩子，无条件地深深
地爱着孩子，你就会发现孩子带给你的不仅是不同阶
段的惊喜，还有自己引导他成长的喜悦。

# Part6
## 亲子互动，
## 亲密关系玩出来

美国儿童发育研究专家迈克尔·刘易斯说过一句话："影响儿童智力发育的唯一重要因素就是妈妈对宝宝所给暗示的回应。"可见，抚育宝宝的时候，让宝宝更聪明的是你与宝宝的联系，而不是某种教具。陪宝宝玩游戏，一起阅读，珍惜相处的时光，就是最快乐的亲子活动，也是开发宝宝智力最有效的方法。

# 爱玩的孩子更聪明

## 亲密 1+1

现在的孩子很少有自由时间自娱自乐，原因有多种：孩子小时，父母担心其安全，因而禁止他们爬上爬下；讨厌孩子的衣服脏兮兮的，所以不允许其玩沙玩水玩泥巴……等孩子大些，大人又把日程排得过满，孩子不是去上才艺班，就是去参加各种团体活动等等。

父母看到孩子专心致志地学习，就会感到极大满足，甚至成为向他人炫耀的话题，但一看到孩子玩就很反感，往往训斥道："就知道玩，还不赶快去学习！""玩心这么重，长大了怎么能有出息？！"

显然，这些父母无意之中陷入了一种教养误区。

婴幼儿成长的过程有一个基本的需要是学习的需要。但是，他们最初的学习方式几乎可以用一个字概括，那就是"玩"！智慧并不在研究生院那高不可攀的山峰上，而是在儿童玩耍的沙堆里。

哥斯达黎加儿童教育学和心理学家加夫列拉·马德里斯指出，玩耍是儿童学会观察、认识、理解、说话和活动的最佳工具，能促进儿童的大脑智力开发。

日常生活中，孩子玩水、玩泥巴、玩沙子、挖水沟、玩过家家也好，画画、唱歌、剪纸、给布娃娃洗脸穿衣也好，爬树、找昆虫、捡树叶、奔跑打闹、捉鱼、捞蝌蚪也好，在诸如此类无拘无束地弄脏自己的玩耍中，孩子不仅丰富、刺激了自己的触觉、听觉、视觉、味觉发育，积累了宝贵的生活经验，同时也培养了健康的身心，提高了免疫力。对于幼小的孩子来说，这难道不是最重要的吗？

孩子的心就是游戏的心，以游戏的状态学会认知，学会规则，学会感动。爱玩的孩子爱观察，容易萌发好奇心，从而产生探索的欲望。这是"学习"的基本素质。不会拆东西的人就不会创造东西，没有破坏欲的人也就不会有创造欲。

爱玩的孩子，由于经常参加游戏活动，因此他们的学习积极性和欲望始终处于最亢奋状态，注意力、想象力、记忆力、语言表达能力、逻辑思维能力等就自然而然地、持续地得到锻炼，并从中吸取生活和社会经验。所以，爱玩的孩子要比不玩的孩子聪明。

事实上也的确如此，我们认真观察一下就会发现，玩得好的孩子大都很有灵气，学习成绩也一向很好，而那些在学习上花时间最多的孩子，往往不是学得最好的。

只有在快乐中成长起来的孩子才健康，而且与小朋友一起玩耍，也是他们进入社会前角色的演练，对他们人际交往、团队协作、反应等各方面能力提高大有好处。是"真正健康"的孩子，只有拥有"真正的健康"，孩子才能获得智力的发展。

爱玩是孩子的天性，遏制会让孩子受到极大的伤害！玩童才是健康的儿童！

Tips：

　　《儿童权利保护公约》规定，玩是儿童的一种权利，与学习并无关联的一种权利。它也许并不有利于学习，但有利于儿童的身心健康。家长如果以学习等理由不让孩子玩耍，就是在野蛮地剥夺儿童的权利。

　　3-6岁宝宝需要掌握的各种信息，正是儿童大脑发育的黄金时期，在这个阶段大脑能否正常发育会对幼儿成年后的智力产生深远影响。爸爸妈妈可以尽量地让宝宝自由活动，学习各种知识和技能都可以，要尊重孩子的兴趣爱好，给孩子创设发展的空间，这个时期，家长也可以配合相应的游戏促进宝宝的发展。

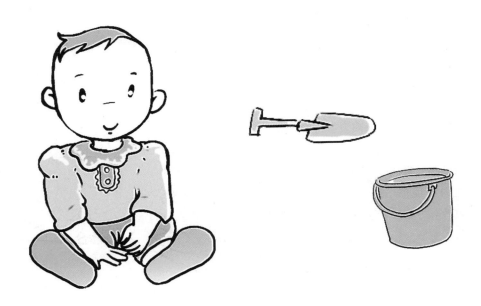

**育儿 1+1**

## 游戏造就聪明大脑

生物心理学家马克－罗森茨威格在他的实验室里选择了一批遗传素质一致的老鼠，把它们任意分成三组。

第一组三只老鼠被关在铁笼子里一起喂养，此为"标准环境"。

第二组老鼠被单个隔离起来，只身处在三面不透明的笼子里，光线昏暗，几乎没有刺激，这叫做"贫乏环境"。

第三组十几只老鼠一起被关在一只大而宽敞、光线充足、设备齐全的笼子里，内有秋千、滑梯、木梯、小桥及各种"玩具"，此所谓"丰富环境"。

经过几个月的环境熏陶后，"丰富环境"的老鼠最"贪玩"，"贫乏环境"的老鼠最"老实"。将老鼠的大脑摘出解剖分析，发现三组老鼠在大脑皮层厚度，脑皮层蛋白质含量，脑皮层与大脑的比重，脑细胞的大小，神经纤维的多少，突触的数量、神经胶质细胞的数量以及与智力有关的脑化学物质等方面存在着明显的差异。"丰富环境"组的老鼠优势最为显著。

实验显示，环境越丰富，玩耍得越充分，大脑的发育就越好。

著名作家冰心也曾说过："淘气的男孩是好的，调皮的女孩是巧的。"

游戏是包含多种认知成分的复杂心理活动，是孩子最佳的学习方式。可以这么说，主动探索和积极学习是开发孩子智力的一把金钥匙，而这把金钥匙就在游戏的熔炉里铸造出来。

另外，和同伴们一起玩耍，还可以完善孩子的个性、提高其社交能力，避免因缺少与同伴交往而产生的孤独感。家长也可以利用玩耍时接触到的事物和材料，因势利导的教育孩子，及时发现孩子的兴趣、特点，并据此及时调整教养方案，更好地挖掘孩子的潜能。

可见，贪玩、爱玩、会玩的孩子多智慧。

## 游戏对孩子的 7 大益处

可以有效促进孩子奔、跑、跳、蹦等动作发展，增强体能。

能加深对"我"的认识，比如"我能做这些"、"小朋友喜欢和我一起玩"等，这对树立孩子自信心很重要。

可以培养孩子的观察力、概括力和思维能力。比如，爱玩的孩子通过不停地摆弄着各种各样的物品、玩具，从许多相近似的物品中形成概括力；通过玩"逮猫猫""捉迷藏"等游戏，认真观察，排除假象，寻找目标，养成严谨的推理思维习惯。

可以激发孩子的求知欲、创造力与想象力，也可极大地激发他们的好奇心和探索精神。他们能把一根竹竿当成火箭、飞机、骏马、机关枪、汽车去玩耍，把子虚乌有的东西想象得活灵活现。

游戏场景与游戏情节的变化，可以有效促使孩子积极主动解决问题，获得正确处理事物的态度、方式、方法，并尝试将这种态度、方式、方法迁移到现实生活中去。

游戏往往与孩子们的经历有着密不可分的关系，因此他们在游戏过程中会不断有意识地回忆以往的经历，并在游戏中将以往的经验体现出来。孩子们的这种回忆，无形中就锤炼了记忆力。

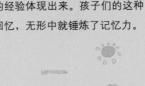

在游戏过程中，究竟该怎样确定游戏主题，多个角色之间如何共同行动，如何把过去的经验与当前的情境结合起来等等，这一切都需要孩子认真思考，并在此基础上不断寻找解决新问题的方法，完善游戏规则。于是，游戏就成了推动孩子积极思维的强大动力，从而促使其逻辑思维能力不断进步。

## 10 岁前应做的 32 件事

科学实践证明，2～5 岁的儿童中，玩耍孩子的大脑要比不玩耍儿童的大脑至少大 30%。因为，在玩耍的过程中，儿童要完成几十种与大脑和思维活动有关联的动作，例如掌握平衡、协调心理活动、处理问题等。通过玩耍，孩子能增进识别物体的能力，提高语言表达能力和思维想象创造力，还能消除心理压力和恐惧感等等。

为使当代儿童能够重新拾起他们父母孩童时代的传统娱乐项目，一个由专家和名人组成的委员会推荐了 32 件在 10 岁前应做的事。

1. 采集蝌蚪。

2. 用花瓣制作香水。

3. 在窗台上种花卉。

4. 用硬纸板做面具。

5. 用沙子堆城堡。

6. 爬树。

7. 在沙滩、野外（院子）挖个洞穴。

8. 用手和脚作画。

9. 自己搞一次野餐。

10. 用颜料在脸上画鬼脸。

11. 用沙子"埋人"。

12. 做面包。

13. 堆雪人。

14. 创作一个泥雕。

15. 参加一次"探险"。

16. 烘蛋糕。

17. 在野外（院子里）露营。

18. 能认出 5 种鸟类。

19. 采草莓。

20. 捉蝴蝶（小虫子）。

21. 骑自行车穿过泥水坑。

22. 捏泥团。

23. 在公园（河边）草地上打滚。

24. 用面粉捏小玩意儿。

25. 养小动物。

竹签（稍硬）

竹签（稍软）

牵线

绵纸

尾巴

26. 做一个风筝并放上天。

27. 丢棍棒游戏。

28. 种菜。

29. 为父母做早饭并送到床前。

30. 和人小小地打一架。

31. 在公园找 10 种不同的叶子。

32. 用草和小树枝搭一个"窝"。

**陪孩子一起成为幸福"玩童"**

亲密 1+1

　　游戏在孩子心智成长中发挥着重要的作用，对于学龄前儿童尤其是婴幼儿来说，游戏是他们的日常活动，也是学习的主要方式。

　　孩子 3 岁前，家长一般很重视这点，经常和孩子做做亲子操、抚触、游戏什么的。但随着孩子年龄的增长，等孩子上了幼儿园尤其是小学以后，就逐渐地忽视了游戏的重要性。

　　蹦蹦跳跳、一刻也闲不住本来是孩子们的天性，可越来越多的家长由于担心出事，宁可用各种玩具把孩子留在家中，或是让孩子去上外语、绘画、弹琴、舞蹈等各种课外学习班，把孩子的课余时间安排得密密麻麻，让他们没有时间玩。而几乎所有学校的校规校纪中都写有"禁止追跑打闹"一条，将孩子蹦跳的权利也剥夺了。

　　孩子们缺少与同伴的玩耍打闹，缺少了欢乐，只是呆在屋里，面对电脑，面对智能玩具，"肥胖"、"近视"、"缺少运动"、"孤僻"、"抑郁"、"内向"等等不良的词汇逐渐地加在了当今孩子们的身上。

　　其实，幼儿早期教育只能是在玩中学。游戏不仅带给孩子带来诸多好处，也会给父母带来很多意想不到的收获，比如，可以冲淡工作压力，缓解不良情绪，重新找回童年的快乐。

　　所以，我们不仅要让孩子们尽情地玩，我们还应放松心情和孩子一起玩，不管孩子有多大，也不管您有多大。在这一点上，著名作家周国平先生可以做我们的榜样，他在其著作《宝贝，宝贝》说：

　　"家庭教育是人的一生教育的起点和基础，具有学校教育不可替代的重要性。在这个意义上，我也认为好父母胜过好老师。不过什么是好父母，人们的观念截然不同。我自认为是一个好父亲，理由仅仅在于，当女儿幼小时，我是她的一个好玩伴，随着她逐渐长大，我在争取成为她的一个好朋友。我一向认为，做孩子的朋友，孩子也肯把自己当做朋友，乃是做父母的最高境界。"

　　仔细想想，不难发现，当我们以父母姿态和孩子在一起时，常常不由自主地要去教导与纠正孩子的缺点。亲子关系不和最主要的原因，就是因为父母以自我为中心，放不下权威的架子，不能站在孩子角度考虑问题。

作为父母如果能够永葆童心，放下各种功利之心，陪孩子一起玩，不仅可以拉近和孩子的距离，和孩子交流沟通，最大程度地亲近孩子，甚至可以增加孩子的自尊与自信，让孩子心理更健康。

让孩子在游戏中健康成长，成为快乐、充满自由精神和创造力的幸福顽童吧。

Tips：

　　心理学家皮亚杰认为，游戏是儿童身心全面发展的最重要的因素。根据儿童的心理体验形式，皮亚杰认为在不同的年龄和智力发展阶段，游戏的体验方式各不相同，把游戏分成四种类型：

　　功能型游戏：如通过运动、舞蹈、言语、歌唱等肢体或感官的活动来促进身心功能的发展。

　　虚构型游戏：如通过玩偶、玩具的玩耍、角色的模拟和扮演来探究复杂生活中的秩序和各种联系。

　　获得型游戏：如通过听故事、阅读和涂画等进行体验性的学习活动。

　　创造型游戏：如摆弄黏土、沙子或玩具积木来搭建作品、创建自己的想象。

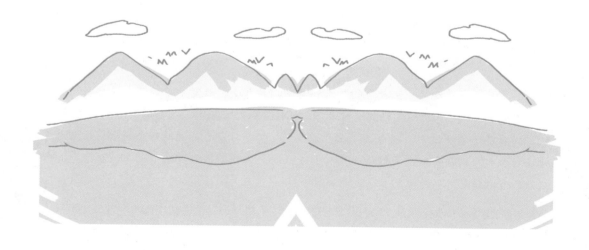

### 育儿 1+1

#### 陪孩子玩的 5 点注意事项

**1. 不干涉，让孩子做游戏的主人**

在玩的过程中，若家长过多干涉，孩子就无法在玩中充分表达自己，因而家长只要注意用眼睛看，用耳朵听，用心营造一个完全接纳孩子的氛围即可。

**2. 积极倾听，表达对游戏的兴趣**

爸爸妈妈在陪孩子游戏时，要和孩子一样真诚投入、专心致志，并注意倾听孩子的想法，这会让孩子感受到你对他的关注和爱意，让他更想展现自己。

**3. 保持童心，不要轻易反对孩子。**

孩子的想象力是大人望尘莫及的，面对他们的奇思妙想、异想天开，大人不要急着反对或呵斥耻笑，而应保持童心，用足够的包容力去聆听、欣赏。

**4. 遇到问题，先让孩子自己试着解决**

孩子遇到问题和困难时，家长不要越俎代庖，而应多些耐心，引导孩子自己想办法去解决，这可极大地锻炼孩子处理问题的能力。

**5. 确保一定的游戏时间**

每天为学龄前孩子安排至少1～2小时的游戏时间，家长在一旁陪伴，当孩子希望你参与游戏时，要按照孩子的想法配合执行。学龄儿童的游戏时间可适当减少，但每天至少也要保证有半小时的自由玩耍时间。

### 孩子最爱玩的 64 个经典亲子游戏

"小皮球，小小来，马莲开花二十一，二五六，二五七，二八二九三十一……"

"你拍一我拍一，一个小孩儿坐飞机；你拍二我拍二，俩个小孩儿梳小辫；你拍三我拍三，三个小孩儿洗衬衫……"

"一网不捞鱼，两网不捞鱼，三网单捞小尾巴，尾巴鱼……"

"丢、丢、丢手绢，轻轻地放在小朋友的后面，大家不要告诉他，大家不要告诉他，啦啦啦啦啦啦，快点快点抓住他，快点快点抓住他……"

伴随着这一首首纯真的歌谣，和孩子们一起跑啊，跳啊，唱啊，拍手啊，玩闹啊，追逐着，打闹着，是何等的热闹欢快啊！下面是精选的孩子最爱玩的 64 个经典游戏，爸爸妈妈们不妨和孩子一起多玩玩。

## 跳房子

人数：2 人以上

场地：自画场地

道具：一支粉笔，小石头或其他类似物

玩法：在地上画出一摞大大小小的格子，然后按照格子的单双，一边前进，一边把石块踢到正确的格子里，出界或跳错格子都算失败。

目的：锻炼脚的控制力。

## 滚铁环

人数：1 人

场地：任意空地，但不能太小

道具：铁圈和推手

玩法：用铁丝勾子推着铁环滚动，滚的时间越长表示技术越好。

目的：训练孩子手的控制力和奔跑速度。

## 弹玻璃球

人数：2 人或者多人

道具：玻璃球

玩法：每人一颗玻璃球，从约定的位置把玻璃珠弹到事先做好的小洞里，一人一次轮流弹，也可以把别人的珠子从洞边弹开，把珠子先弹到洞里的人获胜。

目的：训练孩子手指的灵活性和力度的掌控力。

## 玩弹弓

人数：1 人或者多人

道具：弹弓和石子（或者用纸做的子弹）

玩法：看谁射击的远和准。

目的：训练孩子视觉及手力度的精准度。

### 打嘎儿

人数：不限

道具：木棍，长木板

玩法：将一根手指粗细六寸长短的木棍削得两头尖尖，放于一平地上，10 岁男孩用木板敲其尖端令其跃起，而后用手中的木板击打。

目的：训练孩子手眼协调力。

### 拍皮球

人数：不限

道具：皮球

玩法：用左右手轮流拍皮球。

目的：培养孩子手、眼协调能力及动作敏捷性，促进左右脑平衡感和节奏感的发展，并能加强孩子方位知觉的发展和时间概念的形成。

### 跳皮筋

人数：3 人以上（通常是女孩）

场地：小型空地

道具：橡皮筋

玩法：规则简单，但是步法复杂。

目的：增强孩子肢体动作的灵活性。

### 多人跳绳

人数：3 人以上

场地：小型空地

道具：绳子

玩法：两个人分别拿着绳子的两端，甩出一个梭形空间，另外一个人找个合适时机钻进去跳，看谁跳得多。

目的：训练孩子对时机的把握感。

## 单人跳绳

人数：1 人以上

场地：平地

道具：绳子

玩法：可以跳花样，也可以常规跳。可与人比赛看谁跳得多。

目的：训练孩子弹跳能力及四肢协调性、灵活性。

## 跳山羊

人数：2 人以上，人多为佳

场地：小型平坦空地

玩法：一个人弓着腰，另一个人借助双手从上面跳过去。有一定的危险性，需注意安全。

目的：训练孩子肢体协调性和灵活性，强身健体。

## 踢毽子

人数：人数不定

场地：小型空地

道具：毽子

玩法：用脚把毽子踢向空中，不让毽子落地，也可以事先约定玩不同的花样。或者比赛看谁连续踢得多。

目的：锻炼腿部灵活性，强身健体。

## 转呼啦圈

人数：1 人

场地：小型空地

道具：呼啦圈

玩法：转圈多者为胜。

目的：锻炼身体协调性和灵活性，强身健体。

## 打水漂儿

人数：不限

场地：河边或池塘边

道具：石块或瓦片

玩法：拿着石块或瓦片儿，用力朝水面投出，让它旋转着飞出去，就会在水面上一跳一跳地抛出很远，水面上即出现一个一个的水圈。

目的：训练孩子手眼协调性和手腕的灵活性。

## 手推车

人数：4人以上

场地：需要狭长平坦的空地

玩法：两个人一组，一个人双手着地，双脚被另一个人抬起，然后向前爬行。爬得快者获胜。

目的：锻炼孩子团队协作性，增强孩子集体意识。

## 拍手

人数：2人或多人

场地：平地

道具：唱《拍手歌》：

你拍一我拍一，一个小孩坐飞机；

你拍二我拍二，两个小孩梳小辫儿；

你拍三我拍三，三个小孩吃饼干；

你拍四我拍四，四个小孩写大字；

你拍五我拍五，五个小孩敲大鼓；

你拍六我拍六，六个小孩吃石榴；

你拍七我拍七，七个小孩架飞机；

你拍八我拍八，八个小孩吹喇叭；

你拍九我拍九，九个小孩去跑步；

你拍十我拍十，十个小孩猜谜语。

玩法：两人相对而坐，唱歌，自己双手先拍一下（你拍一）在用右手与对方的左手相拍（我拍一），然后再自己双手拍一下（一个小孩），随后换左手与对方右手相拍（坐飞机）。然后再自己双手拍一下（你拍二）如此循环下去。

目的：可以锻炼孩子的节奏感和手脑协调能力。

### 丢手帕

人数：3人以上

场地：小型空地

道具：手帕

玩法：参加游戏的人背朝外围坐成一圈，由一个人拿着手帕在圈外转，并找机会将手帕放到其中一人的后面，然而迅速坐回圈子里。被丢到手帕的人要站起来到圈子中间表演一个节目，然后再到圈外把手帕丢到别人身后。被丢到的人如果反应迅速，能在丢的人坐回圈子之前抓到他，就仍然由原来的人继续。

### 抓沙包

人数：2人以上

场地：桌子

道具：若干个沙包

玩法：把一个沙包高高扔起，在沙包落下之前把桌上的若干个沙包抓到手里，然后用同一只手接住落下来的沙包。

### 丢沙包

人数：3人以上

场地：小型空地

道具：沙包

玩法：两人互相丢沙包，打中中间的人，那么这个人就下场，换替补。如果人数不够，则可以三人互换位置。如果中间的人被击中后沙包被接住且没有掉下来，则可得"一条命"。

目的：训练孩子的肢体敏捷性，锻炼其反应能力，运动量较大。

## 打蛋儿

**人数：** 2 人

**场地：** 狭长空地

**道具：** 球和板子

**玩法：** 对方扔球过来时，准确击中者为胜。

**目的：** 极其锻炼孩子的手眼协调性。

## 抓子儿

**人数：** 2～4 人

**场地：** 平地或桌面

**道具：** 石子、李核、杏核、拐子（羊蹄儿上的一节趾骨）等

**玩法：** ①每人衣袋中各备一堆子儿，出子儿时，大家同声唱念："出，出，一大把，不出一个就出俩。"念毕，张开手掌，谁多谁先抓。一次决出后，将大家所出子儿归拢一处，撒在桌上，讲好"抓三"还是"抓二"，若抓三，则只能抓那些自然形成的以"三"为一组的，抓完则止。

②另一种以出子多者先抓，先将子儿全部兜在掌心，然后抛起，翻过手掌，以掌背承下落下的子儿再抛一次，迅速翻过手掌，以掌心承子儿，要求掌背上所有的子必须全部接在掌心，跳出手心者，叫"炸子儿"，则前功尽弃，接住的子儿全部归自己。

**目的：** 培养手眼协调性。

## 一网不捞鱼

**人数：** 3 人以上，人多为佳

**场地：** 平地

**玩法：**

● 两人相向站立，双手互相拉住高举过头，形成"捕鱼网"。

● 其他小孩子依次从"网"下钻过，边钻边唱："一网不捞鱼，两网不捞鱼，三网单捞小尾巴，尾巴……"直至两个人同时用手臂圈住某个小孩时才说出"鱼"字，用惊喜的语调说："抓住了，哇！这个大的个儿，让我来称一称，看看有多重。"

● 一个人双手搂抱住"鱼"，有节奏的左右摇晃着说："一斤、二斤、三斤……哇！这么重，拿把刀来切一切。"然后用手做刀状在"鱼"身上切，在切的时候同时说"：一刀、二刀、三刀……"切完后说："拿出去卖了，谁要？"这是大家齐声说："我要。"

● 被抓住的人跟抓鱼的一个人互换位置，游戏继续进行。

**目的：** 锻炼幼儿的肢体运动能力，在游戏过程中能渐渐形成与别人协作及遵守规则的好习惯。

## 拔河

人数：人数不定，人多为佳

场地：需要狭长平坦的空地

道具：粗绳子

玩法：两组队员人数一致，把对方拉过界者为胜。

目的：增强孩子集体协作意识

## 老狼老狼几点啦

人数：3 人以上

场地：草地或平地上

玩法："老狼老狼几点啦？""一点啦！"那个被称作老狼的伙伴用手捂住眼睛，伏在墙上回答。在他的背后有一群猫着腰潜伏前进的伙伴。大家再异口同声发问："老狼老狼几点啦？"……"十二点啦！"这时候，呼啦一声全作鸟兽散，因为老狼一报十二点就意味着追捕开始了。被围捕的"猎物"飞奔到事先画好的圈里，大叫一声"牢保！"，老狼就不能抓他而必须去捉其他没有站在圈里的"猎物"。

目的：锻炼孩子奔跑能力。

## 老鹰捉小鸡

人数：4 人以上，人多为佳

场地：户外小型空地或有一定空间的室内

玩法：一种多人游戏，由一人扮演老鹰，一人扮演母鸡，其余扮演小鸡。小鸡们一个接一个的一字连接在母鸡后面，母鸡需要挡住老鹰，不让其抓到身后的小鸡，而老鹰就要通过跑动等办法抓住母鸡身后的小鸡，或是让小鸡链断开。直到一定数量的小鸡被抓到。

目的：锻炼孩子躲闪能力和肢体协调性，提高其团队意识。

### 打雪仗

人数：人数不定，人多为佳

场地：下雪之后场地

道具：雪球

玩法：没有固定规则，打中对方为赢。

目的：锻炼孩子躲闪能力，强身健体。

### 打水仗

人数：人数不定，人多为佳

场地：水中

道具：水枪

玩法：没有固定规则，射中对方为赢。

目的：增强孩子自我防护意识，锻炼躲闪能力

### 走矮子

人数：2人

玩法：蹲着走路，互相比赛，看谁走的远。

目的：训练孩子身体平衡力和耐力。

### 推手平衡

人数：2 人

玩法：两个人面对面站立，相隔一定的距离，用双手推对方。首先失去平衡而挪动脚步者为输。

目的：训练孩子肢体动作协调性。

### 单脚推人

人数：2 人

场地：小型空地

玩法：划一大圈，两人站在圈中，每个人只能单脚着地，互相推，尽可能把对手推出界外或者使他双脚着地。

目的：锻炼孩子身体平衡性。

### 斗鸡

人数：2 人以上

场地：小型空地

玩法：把一条腿抬起来，放到另一条大腿上。用手抱着抬起的脚，单腿在地上蹦。开始后，用抬起的那条腿膝盖攻击别人。可以单挑独斗，也可以集体项目，以脚落地为输。

目的：锻炼孩子腿力和弹跳能力，可提高其肢体协调性。

## 顶牛儿

人数：2 人

场地：小型空地

玩法：两人双手背在身后，两个脑壳象牛打架似的顶在一处，双脚用力蹬。退后者即输。

目的：训练孩子的竞争意识和颈部力量。

### 顶屁股

人数：2 人

场地：小型空地

玩法：两人彼此转身，背对对方，并俯身半蹲，胳膊穿过两腿之间，和对方双手相互扣住，比赛开始后，用屁股使劲推对方。退后者即输。

目的：训练孩子身体控制能力和毅力。

---

脑力对抗类

## 天下太平

人数：2 人

场地：小型空地

玩法：每人在地上画一个四方"田"字，然后两人相对站立猜拳，每赢一次在方格内写一笔，四个方格内最后被"天""下""太""平"四字填充，先填满的为胜。

目的：训练孩子判断推理及写字能力。

## 四子棋

人数：2 人

场地：小型空地

道具：画一 8×8 的格子；黑白两种棋子，各四粒

玩法：同一颜色的棋子或水平、或左右斜方向、或垂直方向有四个连成一线即为该方赢，游戏结束。如果满盘均填满，游戏尚未分输赢，则为和棋。

目的：锻炼孩子智力和逻辑思维、判断能力。

## 拍纸片

人数：2 人以上

场地：地面

道具：纸片

玩法：拿着折叠好的"纸片"，纸张厚的用来"刮"。刮片的份量以重为好。一人把纸片放在平地上，对方用手将另一张纸片片呈 45 度角刮去，使地上的一张翻身为胜。如不能刮翻，则让对方刮。纸张较薄的用来"飞"。手指把纸片摁在墙上，放手后按纸片飞的远近定胜负。

目的：锻炼孩子判断及四肢协调能力。

叶子的茎
看谁的结实

## 斗草

人数：2 人

场地：不需要场地

道具：草根或者树叶的茎

玩法：两个人把叶茎交叉在一起，然后反方向拉扯，看谁能把谁的拉断。

目的：训练孩子的观察力和对力度的分寸感。

### 石头剪刀布

人数：2 人

道具：手

玩法：出拳之前双方齐喊口令"石头、剪子、布"，然后在话音刚落时同时出拳。握紧的拳头代表"石头"，食指和中指伸出代表"剪子"，五指伸开代表"布"。"石头"胜"剪子"，"剪子"胜"布"，而"布"又胜过"石头"。

目的：训练孩子的反应及判断能力。

### 抽陀螺

人数：不限

场地：平地

道具：陀螺，鞭子

玩法：用鞭子缠住陀螺，用力一扯鞭子，陀螺就开始旋转，然后用鞭子抽打陀螺，使其继续旋转，转的时间越长表示技术越好。

目的：锻炼孩子的反应、判断及四肢协调能力。

### 扯辘轳圈

人数：不限

场地：平地

玩法：大人和小孩手拉手围成圈子，一起边转边唱，唱到事先约定的某个字时赶紧蹲下，过早过晚的就被淘汰出局。

目的：训练孩子的快速反应和判断能力。

### 挑棍

人数：2 人

场地：平地

道具：一大把小细棍

玩法：席地而坐，把手中的小细棍在一定高度上撒下，然后一根一根取出，抽取的时候只能拿一根，碰到别的棍儿算输，轮到对方抽。抽出的归自己，最后看谁的棍多谁就赢。

目的：训练孩子的眼力、观察力、判断力、细心和耐心，启蒙其结构力学知识。

## 翻绳

人数：2 人

道具：毛线或绳子（闭环）

玩法：用线绳将两端打结，套于手指上，通过手指的穿插、交错、缠绕等手法，使线绳变换成各种形状：如降落伞、太阳、锯、鱼、天窗、面条、担架、五角星等。

目的：可锻炼手指灵活性，有助于培养想象力，促进大脑发育。

## 躲猫猫

人数：3 人以上

场地：比较复杂的房间或房屋

玩法：先确定一个人当猫，其他人当老鼠。当猫者在门外数数到 100，当老鼠的人把自己藏起来，当然藏的时候猫不许偷看。找出所有的老鼠后，一场游戏结束。再换另一个人当猫。

目的：锻炼孩子判断及推理能力。

## 摸瞎子

人数：3 人以上

场地：平地

玩法：一人当"瞎子"，其他的人藏在各处，瞎子要清楚其他玩游戏人的大致位置，然后"瞎子"用自己的围裙或手巾，把自己的眼睛蒙住，其余人怕动静大制造出声音被"瞎子"寻声摸到，只能悄无声息地移动身子。被"瞎子"摸到的人就要充当下次的"瞎子"。

目的：锻炼孩子判断、推理、奔跑等能力。

## 吹泡泡

道具：泡泡水

玩法：用吸管或芦苇杆蘸着肥皂水吹泡泡，比赛看谁吹得大。

目的：可锻炼脸部肌肉。

## 木头人

人数：不限

玩法：参加者两人念儿歌，儿歌念完后，立刻静止不动，不说不笑地对视，谁先忍不住动或笑了，就算输。

目的：锻炼孩子的忍耐力。

## "堆馒头"

人数：不限

玩法：大家边念儿歌："堆馒头，堆馒头，馒头堆得高，香喷喷，甜蜜蜜，吃得大家哈哈笑。"边轮流伸出右手大拇指（其余四指呈抓握状），第一人伸出后，第二人握住第一人的拇指，第三人握住第二人的拇指……直到最高处。

目的：增强孩子的团队意识。

## "蚊子叮手"

**人数：**不限

**玩法：**大家随着儿歌："哎哟喂！怎么啦？蚊子咬我了！快快爬上来！"将作捏东西状的手叠放至另一人的手背上，依次叠高，直到无法够着为止。

**目的：**锻炼孩子人际交往能力和团队意识。

## "捉蜻蜓"

**人数：**2人

**玩法：**一人将手掌掌心朝下向前伸，另外一人伸出一食指顶住伸掌者的手心，念儿歌："天灵灵，地灵灵，满天满地捉蜻蜓。捉蜻蜓，捉蜻蜓，捉到一只小蜻蜓。"儿歌念到最后一字时，伸掌者迅速抓握掌心中的食指，伸食指者要尽快逃脱，被抓住食指者就做下一次游戏的伸掌者。

**目的：**培养幼儿动作的敏捷性和遵守游戏规则的良好习惯。

## 过家家

**人数：**2人以上

**场地：**任意

**道具：**日常生活中各种物品

**玩法：**每个人担当一个角色，展开虚拟的生活，包括虚拟购物、虚拟做饭、看病求医等等。

**目的：**模拟社会生活场景，如医院、超市、饭店等，孩子能身临其境对各种社会生活进行模仿和演练，对提高内省智能非常有帮助。

### 抖空竹

**人数:** 不限

**道具:** 空竹

**玩法:** 两根竹棍,顶端系一根一米左右的棉线绳,然后绕空竹中心一圈,一只手提一手送,不停抖动,稍微熟练后可以加速抖,关键是平衡跟配合,更加熟练后可以变化姿势,翻花等。

**目的:** 训练孩子动作的敏捷性和手眼协调性。

### 放风筝

**人数:** 不限

**场地:** 空旷地带

**玩法:** 由一个同伴拿着风筝,顺风走到下风处,放风筝的人手里牵着线站在上风处,两者相距 50 米左右。拿风筝的人将风筝上举,并就势推向空中;放风筝的人拉着风筝线迎风奔跑,跑的速度取决于风筝上升的情况和手中线的拉力大小。风筝上升慢,线的拉力就小,应加快跑速;风筝上升快,线的拉力大,则要放慢奔跑速度。风筝上升的同时,应根据线的拉力大小,适当放线,这样才能使风筝平稳地飞上蓝天。

**目的:** 强身健体,另外放风筝要注重手、眼、脑三方协调配合,对孩子有一定益智的作用。

### 斗蟋蟀

人数：不限

道具：蟋蟀，蟋蟀笼子

玩法：蟋蟀相斗，要挑重量与大小差不多的，用马尾鬃引斗，让他们互相较量，几经交锋，败的退却，胜的张翅长鸣。

目的：锻炼孩子的竞争精神。

### 捉蜻蜓

道具：竹竿网

目的：训练孩子手眼协调及动作的敏捷性。

**纸风车**

玩法：迎风跑动。

目的：锻炼孩子动手能力及奔跑速度，强身健体。

**逮麻雀**

道具：网及少量粮食

目的：训练孩子耐心及动作的敏捷性。

### 编花篮

人数：4~6人

场地：小型空地

玩法：围成一圈，一个人的腿搭在另一个人腿上，然后一边跳着转，一边念着顺口溜："编，编，编花篮，花篮里面有小孩。小孩名字叫什么？叫花篮。编，编，编花篮，花篮里面有小孩。蹲下去，站起来，我们一起编花篮。"

目的：训练孩子肢体的敏捷、灵活性。

### 溜冰

人数：不限

道具：溜冰鞋

玩法：两脚略分开约与肩同宽，两脚尖稍向外转形成小"八"字，两腿稍弯曲，上体稍向前倾，目视前方。身体重心要通过两脚平稳地压到滑轮上，踝关节不应向内或向外倒。

目的：训练孩子的平衡感，锻炼下肢力量。

### 捉知了

道具：竹竿网

目的：亲近大自然，训练孩子手眼协调及动作的敏捷性。

## 竹蜻蜓

玩法：握住竹蜻蜓，两手一搓一放，然后竹蜻蜓飞出去。

目的：锻炼孩子动手能力及手眼协调性。

## 荡秋千

道具：秋千架

目的：协调身体平衡性，防止晕车。

## 玩纸船

玩法：将纸船放在一端，"1——2——3"鼓足力气吹船，看谁吹得远，谁就是胜者。大人要适当地"让"着点孩子，连玩3次就要休息一会儿。

目的：训练孩子动手能力，了解纸的吸水性不同与纸船沉浮快慢之间的关系。

### 印模

道具：各种形状的印模

玩法：首先要找来有黏度的红胶泥土，太干了不行，干了要加入些水打湿，揉搓至软硬适中，如同包饺子面差不多，制成棋子般大小，然后拓到印模儿上去，拓紧压实，除去边沿多余部分胶泥，揭下，便"克隆"出一个新的印模儿。

目的：锻炼孩子的动手能力。

### 纸飞机

道具：纸飞机

玩法：折叠好纸飞机，比谁飞的远，飞的高。

目的：训练孩子动手能力。

### 手帕降落伞

道具：手帕、毛线或绳子、稍重的小物体

玩法：找一块方手帕，把手帕的四个角用等长的毛线或绳子拴好。然后将四根等长线系在一起，底端坠一小块重物，手帕降落伞就做好了。玩时，抓住放在手帕中心点的重物向上抛，降落伞便在空中张开，摇摆着缓缓落下来。如果降落伞垂直快速地落到地面，减少重物的重量会很有效。

目的：培养幼儿的动手动脑能力，以及想象力和创造力。

　　幼儿是从接触形象具体的事物开始认识世界的，五彩缤纷的大自然为他们探索未知世界提供了无穷的源泉。无论是一朵花、一棵树，还是一座山、一条河，都是幼儿学习知识的活的教科书。

　　接触大自然是一种开放的游戏，不带特殊目的也没有时间限制，却能让孩子在与复杂自然的接触过程中锻炼自己的创造力。挖洞、爬树、过河、洞穴探险、爬山和捉蝴蝶、收集树叶等活动，都能起到充分调动五官、让孩子在放松状态下集中注意力的作用。

　　研究证明，即使打开一扇能够眺望风景的窗户，也能有助于稳定情绪。那些经常活跃在大自然环境中的孩子，与少接触或不接触自然环境的孩子相比，前者在知识和视野上都要远远来得开阔。

## NO.3 亲子阅读，父母与孩子间更积极的对话

亲密 1+1

亲子阅读，也可以称为"亲子共读"，是很重要的一种亲密育儿方法，主张以书为媒介，以阅读为纽带，让孩子和家长共同学习，一同成长。

一般说来，亲子阅读从宝宝出生就可以开始，但 3 ～ 6 岁是幼儿语言能力发展的关键时期，是培养孩子阅读能力的关键期，这个时期也是孩子接收大量知识，充分认识世界的时候，因此父母要重点抓住这个时期。

通过共读，分享读书的感动和乐趣，可以为父母创造与孩子沟通的机会，增进彼此之间的情感交流，从而及时了解孩子的心理活动，进行有益的正面引导。也可以让孩子深切地体验到父母对自己的爱，日久天长，亲情就会像春雨滋润春苗一般，使孩子茁壮成长，进而带给孩子欢喜、智慧、希望、勇气、热情和信心。

身为大人，无时无刻不在忙碌，工作、家务、应酬……但忙碌不是借口，而错过孩子任何一个成长阶段都将是永远的遗憾。所以，就算工作再繁忙，作为父母的我们也应该做到每天抽出半小时陪孩子读书。

亲子阅读并不一定要局限于家里，也可以带孩子到社区、图书馆和其他的小朋友一起读书，家长们也可以借助这样的机会互相交流育儿经验，良好的社会阅读风气将大大提高亲子阅读的乐趣，对于孩子的健康成长是一件功不可没的大好事。

亲子阅读是父母与孩子间更积极的对话，是维系亲子关系的一条纽带，培养亲子关系的重要途径，也是促使孩子养成阅读习惯的一种极其有效的做法。

每天坚持与孩子共读一本好书，将给您和孩子带来无穷的快乐！也不难发现孩子成长的点点滴滴，而我们自己也能不断地走向成熟。

Tips：

阅读是获取知识的最重要的途径之一，阅读能力的强弱，往往决定一个人一生所获成就的大小，而这种能力的个别差异却很大。

## 育儿 1+1

### 亲子阅读 8 大注意事项

❶ 提前先用心读一读，或者想想怎么读才更有意思。

❷ 需要固定一下开始阅读的时间，但不必强求每次阅读的持续时间，专注而热情地读 10 分钟绘本也能在孩子脑海里留下深刻印象。

❸ 爸爸妈妈要声情并茂、语速适中地为孩子朗读，表情要尽量夸张。

❹ 要经常指着书中的图画问孩子："这是什么？"以鼓励宝宝说出其看到的东西或动物的名称。

⑤ 认真观察孩子对什么有兴趣，详细地加以说明和谈论。

⑥ 对于孩子提出的问题，家长不要怕麻烦，而应耐心解答，并巧妙启发孩子思考，这是开发宝宝智力的极好机会。

⑦ 可以与孩子分别担任书中不同的角色，使阅读变得轻松有趣，从而培养孩子的语言理解，表达沟通，表演等能力。

⑧ 要尽早开始亲子共读，并耐心坚持下来。

## 亲子阅读 2 个原则

亲子阅读需要长期坚持，孩子的个性也千差万别。所以，在和孩子一块阅读时，父母还要注意两点原则：

**因时而读** 是指父母要根据孩子所处的不同年龄阶段，采用不同的亲子阅读方法和策略，扮演不同的角色，引导孩子阅读。

**因情而读** 是指父母要根据孩子自身的性格特征，留心把握生活中的细节，及时与孩子进行阅读上的沟通与互动。

只有因时、因情地共读，父母和孩子才能都在阅读中感受到快乐。

## 书籍选择要根据年龄而异

| 年龄 | 书籍选择 |
|---|---|
| 1 岁前 | 要给宝宝买布或无毒塑料制成的"撕不烂的书"。<br>这些书容易清洗和消毒，不容易损坏。<br>这一时期的宝宝比较喜欢简单、清晰、色彩鲜艳的图书，所以内容可以是认识水果、蔬菜、生活用品、动物、植物、交通工具、颜色、形状、数字等图书，也可以是有简单韵律、娃娃笑脸的图书。 |
| 2 岁 | 要给宝宝买一些结实的卡纸书，<br>或者图画较多的儿歌书籍，<br>或有着简单情节的童话绘本书。 |
| 3 岁 | 要给宝宝选择图有很强的叙事功能的绘本书，或者有着丰富情节的故事书，那些对简单文字作出特别标注的图书也不错。另外，需要动脑、动手的智力开发图书，以及日常规范养成、方位概念等启发教导性的图书也应给宝宝准备一些。 |
| 3～6 岁 | 可以尝试给宝宝选择较为复杂的图书，如《十万个为什么》、《动物世界》等科普图书。 |

# "袋鼠时间"：共享亲密相处时光

亲密 1+1

随着孩子一天天长大，他们步入了儿童期（3～6岁），已经不愿再老老实实地躺着做抚触和亲子操了，在这个时期，家长们更多地是通过对孩子生活习惯的教育、指导及日常点点滴滴的相处来加深母子之间的亲密关系。而这一做法，在亲密育儿中被称之为"袋鼠时间"。父母可以和孩子一边玩耍一边亲密愉快地度过这段特别的时间。

但由于现代城市节奏快，工作压力大，父母两人都忙于工作，回家特晚，或者回家以后仍在不停地打电话或者上网，虽然身体在家，但心却不在家。

一家媒体通过网络和现场调查的方式共获得100份有效问卷：

在"一天能有多少时间陪孩子玩？"的选项中，28人选择了1小时以内，达到28%；

在"孩子和谁最亲？"一项中，33%的人选择了爷爷奶奶或外公外婆；

在"儿童节送给孩子最好的礼物"一项中，72%的人认为是"陪孩子玩一天"。

显然，在很多的家长的眼里，与孩子在一起的时间越来越短，亲子时光变得珍贵无比。

于是，"妈妈（爸爸），我是不是没有'加班'乖？""妈妈（爸爸），你今天什么时候回家？""老师对我最好，天天陪我玩，老师才是我的妈妈。"……诸如此类的童言成了孩子们的常用语。

父母对子女的关爱，是任何人不能替代的。孩子12岁之前，父母主动进行的亲子活动至关重要，会影响孩子的一生。在这个阶段，父母对孩子如果没有足够的陪伴，孩子的世界里就会缺乏父母的形象，不利于其人格的形成与完善。同时，还极有可能造成将来对父母的叛逆以及无责任感，对身边的任何人、任何事都无所谓，满不在乎，行为表现得消极、冷漠，习惯于爆粗口，甚至遭受到一点忽略或遇到一点挫折就会乱发脾气，严重的还会做出自残或者伤害他人的举动。

家庭融洽温暖，家人相亲相爱，注重的是相处时间的"质"，而不是量，只要父母和孩子彼此珍惜在一起的时间，和谐相处，及时沟通感情，即使相处时间少一些，彼此的心仍会紧紧地联系在一起，培养出亲密的亲子关系。

所以，我们如果不能一整天都全身心地陪伴孩子，那我们每天一定要确保有几个时间段完全属于孩子。比如，一家人围在一起安静吃饭时、准备就寝洗漱和起床时……在这特定时间段，放下一切，全身心地陪伴孩子，完完全全地只跟孩子在一起，这样的陪伴才是有质量的陪伴。

曾听过这样一句话，深以为然："所谓成功，就是有时间照顾自己的小孩。"

身为父母，不妨常常自省一下：

我是一位合格的父母吗？

我每天与孩子相处的时间有多久呢？

我有多久没有陪孩子心无旁骛、痛痛快快地外出玩上一天了？

请好好珍惜陪在孩子身边的每一天吧。在他大哭大闹时，温柔耐心的加以安抚；在他伤心失望时，给他温暖的拥抱；在他顺心如意时，陪他一起大笑；在他需要你时，及时陪在他的身边；在他不需要你时，站在远处静静地守望……无论何时何地，无论他有没有变成我们期待的样子，他都是我们手心的珍宝……

要知道，终有一天，他会离开我们的呵护，渐行渐远，我们完全拥有孩子的时间，真的很短很短……

## 育儿 1+1

### 特定时间亲密相处 10 妙招

❶ 换种新颖方式叫孩子起床，比如提前 10 分钟叫醒孩子，给他读上一段小短文或是讲上一个小故事。

❷ 为女儿梳个漂亮的发型，或者为儿子准备一个酷酷的新帽子等。

❸ 送孩子到校后，来个分别吻，约定放学来接的时间，并亲切地挥手告别。

④ 孩子放学后，张开双臂迎接孩子，并把他紧紧地拥抱入怀，或者趁势抱着他旋转一下。

⑤ 晚饭前，可以和孩子一起打打篮球，或者踢踢足球，让孩子感觉到，无论工作如何忙，并且还有晚餐要准备，可父母还总是把和他一起玩儿放在首位。

⑥ 在准备晚餐时，可以让孩子做些力所能及的事，这会让他觉得很高兴。

⑦ 共享晚饭后的美好时光，比如一起在外散散步，玩一会等等。

你经历过的最尴尬（最高兴）的事是什么？

哪些大人告诉你的事你觉得不对？

⑧ 充分利用晚上就寝前的时间，让孩子为你讲个故事，也可以用回答问题来代替惯例的睡前故事，或者和他聊聊当天各自的心情，遇到的人或事。

⑨ 睡前制造意外惊喜，在孩子枕头底下放些他期盼已久的小礼物，然后巧妙地让孩子发现，带给他惊喜，这会让孩子觉得你是爱他的，并且时刻想着他。

中文：宝贝，晚安！

英语：Good night!

日本语：おやすみ

德语：Gute Nacht!

法语：bonne nuit!

韩语：잘자요

希腊语：Καλη νύχτα

意大利语：Buona notte

⑩ 换着花样说"晚安"，今天用中文说，明天英文，后天法语……

# Part 7

## 家庭和谐，亲密关系立足的"安全岛"

　　知名心理学家武志红曾说，"家，是爱的港湾，但与此同时，家也容易滋生仇恨。不过我们很容易认识到前者，并时常将其美化，却容易忽略甚至无视后者。这直接导致家中的弱小者——孩子——成为仇恨或者苦难的主要承受者，导致心理出现问题，等其长大后，具备了加害别人的能力，于是便将家庭传递给他们的仇恨转嫁给其他人。由此，家庭失和，变成了社会之痛。"可见，唯有家庭和谐，才能是孩子健康成长的"摇篮"，真正成为孩子的心灵港湾、亲密关系牢固的"安全岛"。

# 懂孩子，才能爱得更有章法

亲密 1+1

我们先来看一篇文章，一个孩子写给父母的信：

亲爱的爸爸妈妈：

　　您好！

　　我的手很小，无论做什么事，请不要要求我十全十美。我的脚很短，请走慢些，以便我能跟得上您。

　　我的眼睛不像您那样见过世面，但别忘记我喜欢亲自尝试，而不是被您告知结果。所以，请让我自己慢慢观察一切事物。

　　我的感情是脆弱的，请对我的反应敏感些，不要整天责骂不休。

　　请给我一些自由，让我自己决定一些事情，允许我不成功，以便我从不成功中吸取教训。

　　别过于溺爱我。我很清楚地知道，我不应该得到每一样我所要求的东西，我哭闹不休其实只是在试探您。

　　别害怕对我保持公正的态度，这样反倒让我有安全感。

　　别让我养成坏习惯。在年幼的时候，我得依靠您来判断好坏和对错。

　　别让我觉得我自己比实际的我还渺小，这只会让我假装出一副和我实际年龄不符的傻样。

　　别让我觉得犯了错就像犯了罪，它会削弱我对人生的希望……

　　可能的话，请尽量不要在人前纠正我的错误，我会感到很没面子，进而和您作对。您私下提醒我，效果会更好。

别过度保护我，怕我无法接受某些"后果"。很多时候，我需要经由痛苦的经历来学习。

别太在意我的小病痛。有时，我只是想得到您的关注而已。

别对我唠叨不休，否则我会装聋作哑。

别在匆忙中对我许诺。当您不能信守诺言时，我会难过，也会看轻您以后的许诺。

别太指望我的诚实，我很容易因为害怕而撒谎。

请对我多点耐心，我现在还不能把事情解释的很清楚，虽然有时我看起来挺聪明的。

请别在管教原则上前后不一，这样会让我疑惑，进而失去对您的信任。

别对我暗示您永远正确，无懈可击，当我发现您并非如此时，那对我将是一个多么大的打击。

别以为向我道歉是没有尊严的事。一个诚恳的道歉，会让我和您更接近，更尊重您，感觉更温暖。

当我问您问题的时候，请别敷衍我或者拒绝我，否则我将停止发问，转向别处寻求答案。

当我说"我恨您"的时候别往心里去。我恨的绝对不是您，而是您加在我身上的那些压力。

当我害怕的时候，不要觉得我很傻很可笑，如果您试着去了解，便会发现我当时有多恐惧。

我需要您不断鼓励，不要经常严厉地批评、威吓我。您可以批评我做错的事情，但不要责骂我本人。

家务事是繁多的，但我的童年是短暂的，我很快就会长大，请花些时间多陪陪我，给我讲讲外面多彩的世界，而不要只是把我当成取乐的玩具。

总有一天，我会自己决定自己的生活道路，请让我和您一起娱乐，不要过多地对我加以限制。

对您来说，放下父母架子，和我一起成长是很不容易的事，但请您尝试一下吧。

儿子敬上

某调研机构调查了上千个家庭。当问到家长爱不爱自己的孩子时，100%的父母都说爱；当问到孩子爱不爱自己的父母时，仅22.3%的孩子回答爱。

父母的爱为什么孩子受不了？为什么爱会成为孩子心中的压力？中国的父母太爱孩子了，但又太不懂如何爱孩子！作为家长，应该经常反思一下："您懂孩子吗？您走进过孩子的内心吗？您给予的是孩子需要的吗？

从孩子出生到长大成人，他们身上的变化是很神奇的，很多时候，父母绞尽脑汁都弄不明白孩子到底在想些什么，想要些什么。

作为父母，衷心希望孩子一生能够健康、顺利地成长，并愿为之付出一切代价，但仅仅有美好的愿望和出发点是远远不够的，家长必须了解孩子真正需求的频道信号，明白孩子内心需要的到底是什么，只有这样家长的努力和付出才会对孩子真正"有用"，而不是努力地在帮倒忙，甚至带来负效。

孩子在成长的过程中，难免会遇到些挫折和困难，所以会向父母借一些"自己需要"的东西，比如耳朵、大脑、肩膀和怀抱等等，用来抚慰自己成长中的疼痛。但是，身为父母却想当然地以为孩子是来借嘴巴的。于是便"诲人不倦"，鼓励、劝告、建议、批评、指责，轮番上阵，恨不得把自己的经验一股脑地都传授给孩子……觉得自己所说的都是经验之谈，都是为了孩子好，防止其走弯路。但在孩子看来，爸爸妈妈实在是太烦人了，喋喋不休，唠叨不停，后悔自己把心事告诉了爸妈，于是漠视或者反感爸妈的过渡干涉。做父母的却觉得这孩子怎么这么没良心，不懂事啊，不理解父母的良苦用心。而事实上却是我们和孩子根本不在一个频道上，无法设身处地地站在孩子的角度考虑问题。

"多蹲下来听孩子说话，你看到的将是一个纯真无邪的世界。"父母只有放下成人的架子，才能真正了解孩子的心理和需求，也才能真正走进孩子的内心世界。

## 育儿 1+1

### 走进孩子内心 9 种方法

❶ 体谅孩子的认生心理。很多时候，孩子抗拒陌生人，不仅是跟他们自身的怕生有关，也跟陌生人对他们的态度有关，比如未经允许触摸孩子，拍头、拧脸、胳肢、抱起来，高声评论，要求孩子叫叔叔阿姨、爷爷奶奶什么的，或者没头没脑地对孩子说"几岁啦？会背唐诗吗？唱个歌吧"之类的话，假设有人这样对待你，你作何感想，更何况一个幼小的孩子呢？

❷ 家长千万别强求改变孩子的性格，而应因人而异，采取正确的教养方法。比如，对雷厉风行型孩子，要注意提醒其事先考虑清楚；对特立独行型孩子，家长要提醒其有自己个性特色虽然是好事，但也要注意一下团队协作，好多事情一个人是完不成的；对执拗型孩子，提醒其执着固然好，但学会变通也很重要……

❸ 尽力满足孩子的社交需求。研究和事实都证明，在先天条件相同的情况下，生活在丰富多彩环境中的孩子会比生活在单调乏味环境中的孩子聪明些。

快点收拾好玩具，我们要出门了！

❹ 放慢教养节奏，别总对孩子说"快一点"。如果我们试着让教养的进度慢下来，接受孩子"成长需要一个过程"的现实，接纳孩子那些阶段性困扰我们的行为，不再强求孩子速速改变，就会发现，亲子关系会越来越融洽，孩子的言行举止也会自然而然的朝着好的方面转化。

❺ 父母和孩子应该尊重彼此的不同，尤其是父母，在面对分歧时，不要强求孩子完全接受大人的意见并表态。家长如果什么都"一言堂"，独断专行，就极其不利于孩子学习如何处理与别人产生的分歧。

❻ 学会接纳彼此正确的意见。在父母的众多意见中，孩子可能很难全部接受，但要让孩子学会吸收父母意见中合理的因素，并执行。反过来父母也应如此，只要孩子意见正确，就应该采纳。

❼ 蹲下来认真倾听孩子讲话，营造聆听的氛围，做孩子的忠实听众。

❽ 经常和孩子交流思想，说说悄悄话，以便及时了解孩子的真实想法与内心世界，也可以让孩子体会到父母的苦衷，逐步学会为父母排忧解难，承担家庭责任。

❾ 扩大有关孩子信息的来源，家长可以经常向老师了解孩子在园的表现、与同学相处得怎么样等情况，以便能在孩子需要的时候及时提供帮助，取得孩子的信任。

## 孩子 6 岁前必须立下的 6 条规矩

孩子 6 岁前，各种意识还处于萌芽阶段，是教育孩子遵守规则、养成良好习惯的最佳时期。爸爸妈妈要减少一点对孩子的溺爱，给他们立下严格一点的规矩，并跟着孩子一起认真地遵守，从小就培养孩子遵守规则、文明礼貌的好习惯。

**规矩一：** 抢人玩具、说脏话等粗野、粗俗的行为不能有。

**规矩二：** 别人的东西不能拿，自己的东西自己自由支配。

**规矩三：** 养成归纳习惯，从哪里拿的东西要放回哪里，不能随便乱放。

**规矩四：** 谁先拿到玩具谁先玩，后来者必须等待。

**规矩五：** 不可以随便打扰别人。

**规矩六：** 做错事要道歉，并且有权利要求他人道歉。

# 夫妻关系永远是家中的 NO.1

## 亲密 1+1

"别烦我，没空搭理你，还要照顾孩子呢！"

"你自己凑合吃点吧，我先带孩子出去玩了。"

"哪有时间陪你看电影啊，我还得陪孩子画画呢。"

……

当一个家庭有了孩子后，丈夫们赫然发现，自己在妻子心目中的地位 "一落千丈"，家庭的一切都围绕着孩子转。面对丈夫的抱怨，妻子反而委屈地辩解："我把家打理好、把孩子照顾好不就是在关心你吗？我爱孩子不就等于爱你吗？" 其实，这是大错特错的一种认识。

家庭中居第一位的，不应是亲子关系，而应是夫妻关系。夫妻关系重于亲子关系，夫妻关系好了，亲子关系才会真的好，孩子才会真的好。

对此，国内知名心理学家曾奇峰形容说，夫妻关系是"家庭的定海神针"，在有公婆、夫妻和孩子的家庭中，如果夫妻关系是家庭核心，拥有第一发言权，那么这个家庭就会稳如磐石。相反，如果亲子关系（包括公婆与丈夫、丈夫与孩子、妻子与孩子）凌驾于夫妻关系之上，就会产生最常见的两个问题：糟糕的婆媳关系；严重的恋子情结。

知名心理作家武志红也说："势必要分离的，不是最爱。"作为女子，上有父母公婆，下有孩子，中间有老公，要想营造一个健康和谐的家庭氛围，必须将夫妻关系置于家庭中最重要的位置。不管父母有多疼爱你，你有多爱他们，你终究要离开他们，去过你自己的生活。不管你有多爱孩子，他们终有一天长大成人，离开你去过他自己的生活。那陪伴我们一辈子的人是谁？是我们的配偶。只有他，才是那个真正陪伴你一生的人，才是你最重要的心理寄托。但夫妻关系又极其微妙，只有小心呵护维系，才能得以长久保鲜。

何况，夫妻关系关乎整个家庭的稳定和谐，如果夫妻关系不好，孩子受到的影响很大，直接影响孩子对婚姻、爱情、家庭的看法，孩子的生活方式、社会环境的舆论对孩子也是一种很大的伤害。所以，当一个家庭意识到"夫妻关系重于亲子关系"的时候，幸福就来临了。

如果是儿子，就要对自己说，爸爸才是妈妈最爱的人，自己不是；

如果是女儿，就要对自己说，妈妈才是爸爸最爱的人，自己不是；

如果是父亲，就要对女儿说，我爱你，但妈妈才是能陪伴我一生的；

如果是母亲，就要对儿子说，我爱你，但爸爸才是能陪伴我一生的。

这才是健康家庭之道。

良好的夫妻关系是送给孩子最好的礼物，也是送给自己最好的礼物！花一些时间好好准备这份礼物吧！

TIPS：

"世界上所有的爱都是为了相聚，只有父母对孩子的爱是为了分离"。健康家庭的父母，深爱孩子，将他养大，不是为了自己分享这一结果，不是为了永远与孩子黏在一起，而是要将他推出家门，推到一个更宽广的世界，让他去过独立而自主的生活。

## 育儿 1+1

### 把对孩子的爱分点给爱人

仔细观察我们身边，不难发现，若夫妻之间经常爆发矛盾，孩子就会有不同程度的焦虑、抑郁、暴躁情绪，并且无安全感！

良好的夫妻关系是孩子健康成长的必要条件！夫妻关系必须要重于亲子关系！如果妻子能把大部分放在孩子身上的精力放到爱人身上的话，就会发现孩子可能更加自由、更加独立、更加负责；而爱人可能更贴心，更加爱您。

何况，从孩子的角度换位思考一下，若父母关系不好，彼此抱怨，没有爱意，孩子心里滋味如何？能指望这样的孩子心里充满爱、快乐和安全感吗？

所以，作为妻子，不妨把对孩子的爱分点给爱人，也让自己放松一下，何乐而不为呢？

#### 放下一切，过过二人世界

妻子不妨和丈夫一起重温一下从前的二人世界，找回初恋的感觉，及时修复一下日趋倦怠的夫妻关系，重回甜蜜。将孩子托付给朋友或家人，家庭琐事抛掷脑后，两人牵手去逛逛商场、去公园散步，看一场电影，或者外出旅游几天……都是不错的选择。

#### 信任爸爸的能力

妈妈别总里里外外一把抓，把自己当成育儿高手，不妨对丈夫适当示示弱，少点责备和抱怨，充分给他提供在孩子面前表现的机会，这样爸爸就可以更好地融入家庭生活中，从而稳定亲子关系和夫妻关系之间的平衡。这样，他也会更加理解你的辛苦，体谅你这段时间对他的忽略。

#### 周末亲子活动

到了周末，不妨全家总动员，一起出门郊游、野餐，在溪边戏水，或者进行一些全家人都可以进行的健身运动，这正是让家庭气氛和谐、亲子关系融洽的好方法。

### 时时沟通别抱怨

夫妻之间最忌讳抱怨不止，无端发火。唠叨抱怨和发火不但对解决问题无济于事，还会让情况变得更糟。若对丈夫不满，不妨态度平静而恳切地及时和他沟通一下，双方共同商量出解决方案。

### 表达自己的歉意

在生活中，你也许会因为各种杂事或者照顾孩子不够关心老公，也没时间同他一起参加朋友聚会、体育活动等，那么一定要将你的心情和歉意清楚地表达出来，取得老公的体谅，并注意在事后尽量弥补。

### 别做保姆，适当放松

如果夫妻关系日趋紧张，作为妻子需先自我反省一下，看自己是否因孩子和家务关系导致生活节奏过于忙碌，从而忽视了丈夫的情绪。若是，适当偷个懒，放下家务，把自己打扮得靓丽些，多陪陪老公，比如躺在他怀里一起看看电视，牵着手一起入睡，早起亲吻一下对方……这些让老公感觉到甜蜜的小动作，可是平衡夫妻关系的灵丹妙药呢！

## 营造良好亲子关系 4 妙招

### 摆好家庭关系序位

　　健康和谐的家庭一定是以夫妻关系为先的，如果因为孩子影响到夫妻关系，那么就会使婚姻关系失衡。父母关系融洽，相亲相爱，孩子自然而然就学会了为人处事，以及怎么幸福生活。

### 定下道德底线

　　家长要从内心愿意相信孩子无论怎么做，都会拥有他自己特别的幸福人生。告诉孩子只要不"违法、违背道德、对自己或他人带来生命危险"，那么他就可以自己拿主意。

TIPS

　　家长想和孩子的关系更亲密，只有遵循以下原则孩子才能更加亲近自己：

● 慎用批评，给孩子自己思考解决问题的机会；

● 多创造对他们没有压力、和你一起活动的机会；

● 控制对他失望的反应；

● 注意鼓励他们养成主动承认错误的好习惯；

● 尊重孩子的个人隐私；

● 能放下架子，向孩子承认自己的错误。

### 搞好平衡，互相付出

父母要让孩子明白，爱是付出，却也需要他人主动的回报，以求取平衡。所以，若想让别人爱自己，自己首先也要爱别人。

### 不一味逼着孩子培养兴趣爱好

孩子的兴趣爱好是无法逼出来。要是家长逼孩子上各种特长班，孩子的才艺不一定上去，但是可能会产生各种的副作用。因此，家长应该记住，凡事都有代价，逼孩子做他不爱做的事也是如此。

## TIPS

培养并保护孩子的创造力，不需要早早把他们送进课堂接受灌输和培训，而是需要放手给孩子探索世界的自由和时间，并且不以家长的意志为先，不强迫孩子为了迎合和讨好家长而去违心地取得什么成绩。

让孩子选择兴趣并坚持学习下来的最佳年龄是八岁以后，甚至等到十一二岁都无妨。

那个时候，孩子的自信心和安全感都已经建立得比较牢固，受到挫折不会轻易否定自己，也不会为了讨好家长而去学习。家长如果逼迫、代替孩子坚持，很容易泯灭孩子的兴趣，破坏亲子关系。

—— 小巫《跟上孩子成长的脚步》

# 教养孩子不是妈妈一个人的事

**亲密 1+1**

现代社会竞争激烈，很多家庭出现了这样一种分工模式：丈夫在外忙事业，挣钱养家，妻子则承担了各种家务尤其是教育子女的任务，做父亲的基本不介入，成了孩子抚养教育的"局外人"。

教养孩子难道只是妈妈一个人的事吗？爸爸能放手不管，做一省心"甩手掌柜"吗？

有关调查数据表明，现代大部分父亲在家庭中同婴幼儿相处的时间为母亲的三分之一左右。但这并不等于说父亲在婴幼儿成长过程中的作用弱化，事实上，父亲对婴幼儿成长的影响具有母亲所不可替代的作用。

哈佛大学一项最新研究表明，父亲的言传身教，会更有利于完善孩子的气度、性格和思维方式。

聪慧、敏锐、感情丰富的父亲，其孩子智力水平普遍偏高，那些父亲陪伴时间长，和父亲亲近的孩子，数学成绩尤其好。

研究者还发现，孩子若从小得到父亲的精心照顾，性格大都活泼开朗，大度宽容，更富有责任感，社交能力较强，心理健康水平较高。而父母协调配合下抚养的孩子，比母亲单方抚养的孩子，更加关心新鲜事物，性格外向，好动好玩，动手能力和生活自理能力均较强。

心理学家格塞尔曾说："失去父爱是人类感情发展的一种缺陷和不平衡。"国内著名教育专家孙晓云也说："家庭是个人健康成长的基石，也是社会和谐的基石。青少年的许多社会问题，如暴力、犯罪、性问题、网络成瘾等往往源于家庭，而父教缺失就是其中一个非常严重的问题。父教缺失对孩子和社会的破坏性影响都是不容置疑的。有人认为父教缺失就像开启了一条生产线，向社会批量输送问题孩子，向监狱批量输送罪犯。"

"养不教，父之过"，父教缺失问题为家庭教育埋下了巨大的隐患。长期缺少父亲陪伴的孩子在同情心、推理和大脑发育方面都不如那些父亲经常陪在身边的孩子。缺少父爱的孩子更易有攻击性，在学校里不受欢迎，更不愿意为自己的不良行为承担责任。

父亲在孩子的抚养教育中有其独特的优势，但如果只由父亲单独抚养教育子女，同样也是不利的。

只有父母共同承担起抚养教育孩子的任务，才是最佳的"教育资源配置"。

这并非无凭无据信口胡说，而是由众多心理学研究数据得出的这一结论。心理学家在调研中发现，父教与母教有着天然的区别：在婴幼儿时期，母亲更多的是与孩子进行身体接触和语言交流，父亲则更多是通过身体运动和孩子进行游戏交流；在游戏规则方面，母亲倾向于迁就孩子，而父亲则更注重"立规矩"；父亲对孩子形成勇敢、自信、果断的个性更为重要，而母亲对形成稳定、温顺、合作的个性则更为关键。

父母共同参与孩子的抚养教育，可以相互配合、取长补短，做到优势互补，形成强有力的教育合力，还可以集思广益，将育儿问题考虑得更周全一些，方法也更多样化一些，能够有效地避免因单独养育出现的主观性、盲目性和片面性等问题，抚养教育效果会好一些。

可见，由父母共同抚养教育的孩子，耳濡目染之下，会将父母的长处兼收并蓄，形成适合现代社会生存所需要的完善人格和气质。比如男孩既有男人的阳刚之气，又有感情丰富的特点；女孩既有女性特有的温柔善良，也不失坚韧勇敢的性格。

所以，"夫妻搭档"共同抚养教育孩子，要比母亲一个人"单枪匹马"好得多。

TIPS：

　　父亲意味着规则与监督，也意味着权威与可信赖。在没有父亲参与的情况下，孩子往往缺乏规则教育与必要监督，当遇到难题需要帮助时，孩子往往会缺乏一个可以信赖与参照的权威与榜样，这可能正是青少年的许多社会问题的根源所在。

——孙云晓

## 育儿 1+1

### 爸爸不要在位却缺席

母亲的教育就像阳光，没有阳光照耀的孩子会感到生命的黑暗；而父亲的教育就像是空气，缺少空气孩子的生命也会慢慢窒息。

孩子渴望母爱，也一样渴望父爱。

父亲的重要性并非要等到青少年时期才能体现，孩子一出生，父亲就应该及时就位。这是因为在孩子出生后第一年，父亲付出的心血越多，孩子的认知和社会性发展水平就越高。

德国心理学家苏埃斯研究数据也证明了这点：12 ～ 18 个月的婴儿与父亲的关系将影响孩子以后的同伴行为和同伴关系，具有安全父婴依恋的孩子，在游戏中较少消极的情感反应，与其他孩子交往时不紧张，具有更高质量的同伴关系。

> TIPS：
>
> 在进行家庭教育与监护的时候，父母应观点一致，共同掌握好管教的分寸。

所以，以事业为重、以挣钱养家为主的父亲不妨放慢一下脚步，多抽出一些时间来关注孩子的教育，尽好父亲所应该尽的义务，从而解放母亲教育的沉重负担，不要在孩子的成长之路上缺席。

宝贝，做得不错，爸爸真为你感到骄傲！

爸爸，我把模型组装好了！

### 称职爸爸的 10 项教养方法

父亲对育儿的参与程度越高，孩子就越聪明，适应力更强。

### 1. 表达出父爱

父亲应该用各种方式表达和传递父爱，使孩子经常感到父亲的爱和关心。

## 2. 经常与孩子对话

问问孩子"你觉得我是个好爸爸吗？你希望我变成什么样子？"给孩子空间说出对爸爸的期待，以及他希望父亲做哪些改变。

## 3. 给孩子情感上的支持

父亲往往是家里的"严父"，但是相关数据显示，如果爸爸多和孩子进行情感交流，将大大降低孩子未来的暴力倾向。

## 4. 将尽可能多的时间留给孩子

在不改变生活规律和不占用正常工作时间的情况下，尽可能多和孩子在一起，安排好孩子的生活和学习。

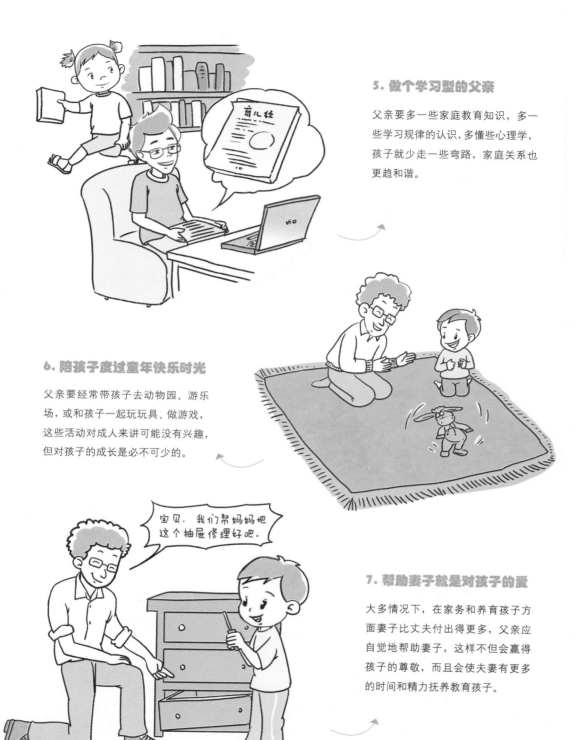

### 5. 做个学习型的父亲

父亲要多一些家庭教育知识，多一些学习规律的认识，多懂些心理学，孩子就少走一些弯路，家庭关系也更趋和谐。

### 6. 陪孩子度过童年快乐时光

父亲要经常带孩子去动物园、游乐场，或和孩子一起玩玩具、做游戏，这些活动对成人来讲可能没有兴趣，但对孩子的成长是必不可少的。

### 7. 帮助妻子就是对孩子的爱

大多情况下，在家务和养育孩子方面妻子比丈夫付出得更多，父亲应自觉地帮助妻子，这样不但会赢得孩子的尊敬，而且会使夫妻有更多的时间和精力抚养教育孩子。

### 8. 与另一半建立养育共识

教育和培养孩子是夫妻共同的责任，父亲不可一个人说了算。如果夫妻在教养上有共识，孩子也会和父母讨论"家务事"，而且父母也将在孩子心目中变得无可取代。

### 9. 别拿自己的尺子衡量孩子

在孩子内心世界里，最令他伤心的事是爸妈说自己"你不如别人"，最使他受刺激的话是"瞧瞧别人，再看看你自己"。如果爸爸常用自己的尺子去衡量孩子，往往会让孩子感到自卑。

### 10. 孩子犯错大人需先自省

美国家庭治疗大师萨提亚说："当孩子确实有错误需要纠正时，充满慈爱的父母通常会采取很坦诚的办法，询问原因，倾听孩子的心声，给予关爱和理解，同时体会孩子的感受。最后，才利用恰当的时机，趁孩子自然地想倾听时才给他们讲道理。"

聪明理性的父母不会在孩子犯错后第一时间去处理解决，而是先自省自己有无做得不到位的地方，并换位思考体谅孩子的感受。假如父母能做到这一点，那么孩子就不会叛逆，乐意改变自己的错误。

# 隔代教养下的亲密育儿

**亲密 1+1**

相关调查数据显示，北京约有 80% 的孩子接受隔代教育，上海 50%-60% 的孩子由祖辈教育，广州接受隔代教育的孩子占总数的一半。

"隔代带孩子"成为当今家庭生活的普遍现象。但你知道吗？隔代带孩子最容易产生下列不良习惯：

①自私，做事常以自我为中心，凡事先考虑自己的利益得失，不知道为别人着想。

②任性骄横，家庭成员关系颠倒，走向外部社会也不懂得尊重人。

③社会适应能力差，个性孤僻，缺少热情。

④自主精神和自理能力差，依赖性强。

⑤不爱惜财物，在消费中盲目攀比炫耀。

⑥学习被动，缺乏刻苦钻研精神，有厌学情绪。

…… ……

孩子出生的前几年，父母对他的影响至关重要。毕竟，对孩子来说，父母是他最重要

的亲人。如果父母不能陪伴在他的身边，他就很容易产生"我不重要"、"妈妈不喜欢我"等被父母抛弃的想法，在他内心深处留下阴影。这种早期的非安全依恋情感的经历，还会造成其对人的不信任，影响其对周围世界的积极的探索能力。

另外，孩子从小就跟老人生活在一起，在老人的纵容和溺爱下，容易养成一些父母看不惯的行为习惯。当父母和孩子相处时，就可能会急于纠正孩子这些所谓的问题行为，导致双方出现对立情绪。这种对立情绪会让孩子更加疏远父母，退缩到老人身边，寻求庇护。于是

祖辈和父辈之间就很容易因为孩子的教育问题引发家庭矛盾。

再者，老人和父母之间有意无意的"亲子嫉妒"和争夺，也会让孩子很受伤。当成人争抢孩子的爱，期待他更依赖自己、对自己更亲近时，一样会带给孩子压力，让他有一种被撕扯的感觉，若自己平衡不了，就容易出现"问题"。

最为重要的一点是，从儿童心理发展阶段来说，孩子12岁之前尤其是6岁之前，特别需要与父母建立亲密的亲子依恋情感，这是孩子一生的安全感和幸福感的重要基础。此时孩子正处在最幼小无助的时期，对世界的信任感、安全感完全来自其照料者，此时谁给予孩子最多的关爱，谁就是孩子心中的第一位。很明显，在隔代抚养中，父母很难成为孩子的"第一位"，如果情况没有及时改善，自然在孩子日后与父母的相处中埋下叛逆的隐患。

孩子的成长是不可逆的，一旦错过就不能再来。所以，父母尤其是母亲要避免以各种原因疏远12岁之前的孩子。若实在是无法亲自带孩子，那不妨"共同抚养"，就是说要以父母自己带为主，以老人帮助带为辅，父辈与祖辈相辅相成最有利于孩子健康成长。

这就要求在教育孩子的事情上，父母首先要认识到自己的重要性，主动承担为人父母的责任，不能过分依赖自己的父母。其次，两代人还要时时注意多沟通避免冲突，只有统一认识，才能避免在孩子面前暴露分歧，防止他利用这种分歧钻空子，引发更多的问题。另外，无论老人还是父母对孩子都要爱得适度，分清爱和溺爱的界限，并积极创造机会，让孩子有更多的机会尽可能多接触家庭里其他的成员，努力营造一个有利于家庭教育的和谐氛围。

总之，教育孩子关键不在于谁带，而在于教育观念和教育方法。无论谁带孩子都需要学习，都需要与孩子一起成长。

**育儿 1+1**

什么样的"隔代家长"才是最理想的？一家媒体通过微博征集了理想"隔代家长"的十条"资格标准"：

◎ 身体健康，精力较好，心态年轻，乐于养育孙辈；

◎ 心理健康，情绪稳定，没有精神障碍或偏差；

◎ 家庭和个人卫生习惯良好，不吸烟，不酗酒；

◎ 了解孩子的饮食营养和生活护理等常识；

◎ 性格开朗，人际交往能力强，不固执偏见，对孩子有耐心；

◎ 喜欢户外活动，常带孩子外出去认识周围世界；

◎ 有一定的文化基础，能对孩子进行启蒙教育；

◎ 待孩子慈爱宽容，但不纵容、不溺爱，善于引导教育；

◎ 能细心观察孩子的身心变化，及时与孩子的父母交流沟通；

◎ 愿意并善于学习，用现代家庭教育理念与方法教育孩子。

## 老人要主动为孩子搭建与父母的亲密关系

祖辈在养育孙辈时，要主动为孩子搭建与父母的亲密关系，用其长而避其短，合理定位，做到不错位，不越位，乐于当配角。

❶ 多带孩子到公园玩，扩大孩子的视野和社交圈，有助于他对人的信任与开放，利于日后的亲子相处。

❷ 学习用照相机、DV 等现代记录工具，多为父母记录下孩子的成长变化，以帮助父母感性地了解孩子、相对完整地看到孩子的成长足迹。

❸ 多关心孩子的心理世界，在孩子看到别的小朋友都是爸爸妈妈接送而有不满情绪时，老人要及时疏导，替父母解释一下，以免影响他和父母之间的关系。

你爸爸小时候可聪明了……

❹ 平时多给孩子讲讲父母的故事，包括父母小时候的故事，增进孩子对父母的了解，激发孩子对父母的好奇与尊敬。

❺ 与孩子父母的好朋友保持联系，若他们也有孩子就更好了，可以定期带孩子或者送孩子到他们家里去玩，让孩子熟悉与父母同辈的人，熟悉与父辈成人的交往。

❻ 让孩子与父母多聚聚，并尽量让父母带孩子去玩，控制自己的不放心。

❼ 多陪孩子玩父母买的玩具、看父母买的图书，帮助父母在孩子心目中"站住脚"。

❽ 在电话里或孩子与父母在一起的时候，不要数落小孩子，免得让孩子觉得"都是父母让我难堪的"，多给亲子相处创造快乐。

❾ 注重培养孩子的独立性，不仅有利于他的自我发展，而且减少了日后孩子的父母需要兼顾事业与家庭的潜在压力。

❿ 有些禁忌话，千万不能说。比如："你爸爸小时候还不如你呢！""别怕，我去跟你爸说！""你妈不要你了！""你真笨！""你和你爸一个德行！""没事，奶奶去帮你认个错。""你可别像你爸似的，将来没出息！""小孩子问这么多干吗？"……

## 父母要尽可能多地参与孩子的教养中

生存压力下，父母很难做到亲自带养孩子，因此更要尽可能多地利用一切时机参与到对孩子的教养中，譬如利用下班后、周末、节假日等时间尽可能多地与孩子一起玩耍互动，及时称赞和鼓励孩子，巧妙纠正孩子不当行为，提高孩子的动手能力和自己解决问题的能力。另外，以下几点做法也可以极大地融洽亲子关系。

❶ 记录下自己思念孩子的心情，留给日后孩子阅读，以便让孩子懂得"父母是多么地想他、爱他"，而不是"不管他"。

❷ 控制给孩子买玩具、衣服等物质，免得孩子过度将你和物质联系在一起。

TIPS

一个孩子，怎样才能成为"真正的人"？他到了社会上，应该怎样对待他人和自己？有哪些基本品质，比如"恻隐之心"，其实不可或缺？在"望子成龙"思想的指导和支配下，许多家长都会把自己的爱深藏在心底，时时摆出一副严厉的面孔，不让孩子感受爱，也不让孩子回报这爱。显然，这是一种完全没有人性的教育，因为其中只有"材"和"器"，没有"人"！没成"大器"，倒成"凶器"了！

——厦门大学人文学院教授、博士生导师 易中天

❸ 多慰问老人，感谢并感恩老人的辛苦付出，争取老人的支持，以便其在孩子面前多说自己的好话。

❹ 打电话时如果孩子不愿和你交流，千万不要强迫他说话，你可以给他讲讲你遇到的逸闻趣事，吸引孩子的注意力，减少他对着电话说话的"焦虑感"，激发他想听你说话或者和你通话的兴趣。

❺ 做好与孩子分离时的情绪疏导。父母每次回来又离去都会给孩子的心理造成很大的冲击，所以一定要注意分离前与孩子的交流、与老人的衔接。

❻ 和孩子相处时，有意识地带给孩子惊喜，比如带孩子去做老人无法带孩子做的事情，像坐摩天轮、冲浪等，让孩子充分享受和父母在一起时的不一样感觉。

213

# 保姆——隐形的"母子关系"

亲密 1+1

如今，许多父母因为工作繁忙，为了减轻自己或者家中老人的育儿负担，便纷纷请来保姆帮忙。而保姆在幼儿成长中的影响，却往往容易被父母所忽视。相关数据显示，近年来被保姆带大的孩子出现心理问题的比例呈上升趋势，每年递增 10% 左右。

这是因为由于各种原因，保姆往往只能照管孩子的日常起居和人身安全，其素质、习惯和语言文化都与孩子的生活环境差异较大，无法对孩子进行教育和思想交流，因此孩子多多少少就会出现情感和思想交流的缺失。

另外，保姆作为拿人工资的受雇方，常常不敢"管"孩子，怕管严、管多了惹孩子哭，让雇主误解自己"狠心，不喜欢和欺负孩子"。因而保姆在带孩子时，本着"不求有功、但求无过"的心态，一心只求"照顾"好孩子，不让他们饿着、累着、伤着就行，所以，哪怕在安全的环境下，她们也给孩子设置更多的限制，或者一味纵容、娇惯孩子，这样一来，孩子虽然得到了安全保障，却失去了一次次学习的成长机会。

再加上保姆和孩子呆在一起的时间比家长还多，这无形中就削弱了孩子对父母的亲子依恋，而把这种依恋转移到了照顾自己的保姆身上，从而和保姆之间产生一种隐形的母子关系，成为孩子的"心理妈妈"、"代理妈妈"。

因此，父母不要以为请了保姆自己就可以偷懒了。避免或者缓解保姆带孩子不利影响最直接有效的途径，就是无论多忙，都不应该将自己的孩子"放"给他人全权代理，而是多花一些时间在孩子身上，更加注意与孩子的亲子交流和互动，时时让孩子感觉到自己的存在。比如：

·让保姆料理家务活，妈妈主要来照顾孩子。

·提高工作效率，少加班，增加回家陪伴孩子玩耍的时间，或者等孩子睡觉后再忙自己的事情。

·见缝插针地创造跟孩子相处的亲子时间，比如一起收拾下桌子、擦擦地板、洗洗袜子等。

·提高与孩子共处的质量,利用每周周末时间计划一次特别的亲子活动,比如外出旅游,公园散步,陪孩子踢踢足球,来一次草地野餐等。

·注意教养孩子时的方式，耐心引导，建立起父母权威。

聘请保姆帮忙带孩子是无奈之举，最好的保姆也不能代替父母。不过，父母只要与保姆之间取长补短，明确分工，孩子就能健康地成长。

TIPS

无论是爷爷奶奶帮忙，还是保姆帮忙，都不要忘记父母才是孩子最好的老师。在孩子的整个人生中，父母都是无可替代的角色。

## 育儿 1+1

### 与保姆友好相处注意事项

保姆对孩子的影响究竟好不好，不可一概而论，但挑选保姆时最好多方考察一下，然后再根据每个家庭中父母、孩子以及保姆的特点加以调整、配合，以确保孩子健康成长。

#### 选好保姆注意要点

◎ 要选和家人观念、生活习惯冲突小，相处和睦的人。

◎ 要注重了解保姆的性格和人品，出来工作的动机。

#### 相处注意要点

◎ 在磨合期要耐心观察保姆与孩子相处的模式，及时发现存在的问题。

◎ 明确职责时要有弹性，尽量各取所需，付费原则提前约定。

◎ 保姆教育孩子的时候，不要粗暴干预。尤其是孩子稍大一些的父母，应该尽可能放心地让孩子与保姆单独地处理他们之间的关系。

◎ 在孩子的教养问题上，事先与保姆就一些最基本的规则达成共识，避免孩子因教育尺度不一而对其中一方产生抵制抗拒情绪。

◎ 不要给保姆讲一些抽象的、观念上的东西，而要适时地给她一些在具体事情上的具体做法的指导。

◎ 对待保姆要宽容，多沟通，少责难。

◎ 尊重保姆，并教育孩子也要尊重保姆，把保姆当成独立的人来对待。这种尊重对于对孩子施展正确的教育极为重要。

◎ 要学会用积极的语言多表扬、肯定保姆，提意见时要注意态度。

◎ 不要频繁更换保姆，以防对孩子幼小的心灵产生危害，形成心理隐患。

宝贝，妈妈再找一个阿姨来照看你吧。

另外，父母要经常与孩子单独地、在孩子不经意的情况下谈论保姆，及时了解孩子本人对保姆的感受，以便帮助孩子处理一些他自己处理不了的事情。

人的感情是培养出来的，让保姆感受到你的真心，她也会回报你，而受益最大的是孩子。重要的是，为人父母，下班后要尽量多花时间与孩子在一起。

## 尽可能创造条件让保姆参加些专业培训

保姆的素质对孩子的成长至关重要，保姆的心理素养更是孩子健康成长的关键。但据相关统计数据显示，一线家政从业人员75%的受教育程度为初中及以下，文化程度、技术能力、服务水平普遍较低。

这样的现状，让一部分对保姆要求较高的父母感到很无奈。不过，条件允许的家庭，可以出资让保姆参加些基础的少儿心理培训，或者亲自教给保姆一些儿童心理应对技巧。

具备了儿童心理护理意识的保姆，可以有效缓解孩子成长中的敏感、羞怯、胆小、内向、自卑等心理隐患，把他们扶上正常的轨道。因而虽然有金钱和时间上的投入，但带给孩子的心灵回报将惠及孩子的一生。

# 共情，让亲子关系变"满分"

**亲密 1+1**

　　一名幼教专家到某幼儿园进行心理测试，他问孩子们一个问题："一个小朋友发烧了，她冻得直哆嗦，你愿意借给她外套穿吗？"

　　没有一个孩子主动回答。老师只好点名。

　　第一个孩子说："小朋友的病会传染的，她穿了我的外套，那我也该生病了，我妈妈还得花钱。"

　　第二个孩子则说："我妈妈不让，妈妈会打我的。"

　　第三个孩子说："外套弄脏了怎么办？"

　　第四个孩子说："我怕她把外套弄丢了。"

　　……

　　作为家长，听了孩子的这些回答作何感想呢？

　　现代社会中出现了越来越多淡漠的孩子，他们懂得了自我保护，不给自己和家人添麻烦。可是，他们缺少了理解他人感受的能力，缺少了在人际交往中最重要的互助精神和关心他人的能力，也即是说他们缺乏共情力。这样的孩子，不容易理解别人，信任别人，亲近别人。

　　丹尼尔·戈尔曼博士所提出的"情感智商"，即 EQ，已为很多妈妈熟知，而情商中非常重要的部分就是"共情"的能力。那么，共情能力从何而来呢？

　　当孩子尚处人际交往之初的时候，来自爸爸妈妈温柔的注视、耐心的倾听和全身心的呵护，给孩子上了人生的第一堂课，不但让他感受到爱，更让他从中学会了如何从家人那儿获取温暖和爱。仰赖于爸爸妈妈这种无微不至的呵护，孩子开始融入这个世界，成为人类社会的一分子。

　　可以说，父母对孩子最初的关怀、照顾、呵护和拥抱开启了孩子爱的体会，并且随着他的成长会渐渐转化成他的同情心、共情力，让他能够去感受别人的欢乐与痛苦。因而，他从小到大被施予的爱有多少，他共情的能力就有多大。

在亲子关系中，"共情"是架设父母和孩子心灵沟通的桥梁。与孩子共情，父母不会觉得孩子的行为是不可理解的，也不会认为孩子的事情无足轻重或者小题大做；而得到父母的共情，孩子会觉得自己被理解、接纳与尊重，也就对父母产生信任与安全感。

有了这种亲子互动的心理基础，孩子才会乐于向父母坦白心声，才有可能进一步接受父母的批评与教育。

父母与孩子"共情"的关键，在于父母抛却自己的立场与成见，站在孩子的角度去感同身受孩子的思考与体验。做到这一点不容易，因为家长都有自己独特的思维方式和情绪体验，很难快速、准确地察觉孩子的心灵世界，也很难快速找到合适的共情表达方式，让孩子感觉到父母的共情。

这就需要父母降低自己的心理年龄，返回人生的最初点，根据孩子的阅历、理解能力、做事方式以及情绪调节水平来理解孩子的心灵，感受孩子的困惑烦恼与喜怒哀乐。并和孩子共同探索，在不断的互动交流中达到理解与沟通，让孩子产生共鸣，感觉自己的想法和情绪在父母的心里、眼里都有存在的理由。

共情是站在孩子的立场上理解孩子，但并不等于纵容孩子的立场。有的父母为了暂时平息孩子的情绪，就会刻意讨好孩子，比如，孩子之间发生了争执，如果你安慰孩子说："这是你的玩具，毛毛却来抢，真不像话！""别哭了，牛牛一向霸道，咱们不跟他玩了，妈妈陪你玩。"诸如此类"打抱不平"的话，极其不利于提高孩子的认知和情绪调节水平，也不利于其人际交往能力的提高。

另外，家长还要明白一点，共情是共鸣，不是对孩子横加评价和说教。与孩子共情，最忌讳一句简单的"我理解你"之后，立刻转为"但是"，并理所当然地以自己的标准来判断和评价孩子的是非对错，然后等着孩子点头"知错就改"。这样孩子实际上并没有被理解，只是被动地接受父母的说教而已。

世上最好的教养结果，不是成绩有多好、不是运动有多棒，而是让孩子拥有感受爱、付出爱的能力，学会尊重他人、关心他人。这就是爱的教养，这种能力就是共情力。只要家长用爱去培养孩子的共情力，孩子就会快乐健康地成长。

TIPS：

　　一个人和他的原生家庭有着千丝万缕的联系，而这种联系有可能影响他的一生。原生家庭对我们的影响如同遗传密码一般，刻进我们的人格、行为模式中。……要记住：你现在的家就是你的子女的原生家庭。你的孩子会演绎你的幸福，也会演绎你的不幸。……从现在起，为了孩子，需重新创造一个和美的家庭文化。

　　　　　　　　　　　　　　　　　　　　　　　　——萨提亚　美国著名"家庭治疗大师"

育儿 1+1

## 孩子共情能力发展历程

| 0~1 | 不能很好地区分自我和他人的情感与需要，也就无法区分悲伤的来源，属于自我中心式的共情。 |
|---|---|
| 1~2岁 | 能够将辨别他人悲伤的情感发展为真诚的关心，但还不能将这种情感真实化地转变成有效的行为。 |
| 3~6岁 | 随着母亲的共情能力的增加而逐渐提高，而与父亲的共情能力无关。 |
| 7~9岁 | 儿童意识到每个人的观点都是独特的，不同的人对同一情境会有不同的反应。借此，儿童会对他人的悲伤做出更适当的反应。 |
| 10~12岁 | 发展出对处于不幸困境中的人的共情——穷人、流浪者及残障人士。 |
| 青春期 | 这种共情能力将对个体的意识形态和价值观念带来人道主义的色彩。 |

TIPS

　　人是社会动物，从降生开始便不断地与人建立关系，社会正常运作之源是信任、利他、合作、爱和慈善，根源在哪里？就在于共情力，即关爱他人、体会他人感受的能力……父母是爱的传授者。父母在给了孩子生命的同时也给了爱，这种爱是孩子一生成长的力量。

——青少年与儿童心理问题专家，前清华附中心理主任陈纪英

## 6 招教孩子学会共情能力

　　共情对孩子而言，是一种宝贵的品质。培养宝宝的共情能力，不仅可以减少宝宝的逆反心理，也能帮助宝宝建立良好的人际关系从而更好地融入社会。

　　但共情又是一个复杂的认知过程，是一种理解别人的能力，只是简单地提醒宝宝关心别人是远远不够的，还需要孩子克服以自我为中心的思维方式，走进对方的心理世界。

　　对于年幼的孩子来说，这是一件不容易的事情，需要在爸妈的帮助下一点一滴地培养。

## 1．引导孩子学会换位思考

孩子身心发育还不够成熟，大都是站在自己角度考虑问题，所以父母要引导孩子学会站在别人的角度去理解和宽容对方，为以后形成互助精神和关心他人的能力打下基础。

## 2．多玩些角色扮演游戏

角色扮演是培养孩子共情能力的重要途径，从而学会设身处地地为别人着想。

## 3．通过阅读培养共情能力

很多优秀的儿童绘本和图书有着丰富的人物角色和故事内容，爸爸妈妈在给孩子讲时，有意设计一些提问或发出感叹，引导孩子理解故事人物的心理活动，这对提高孩子共情能力很有帮助。另外，还可以鼓励孩子自由表达对书中人物和故事的想法，启发孩子在思考问题的过程中学会共情。

## 4．在生活中给孩子树立共情的榜样

父母的言行举止会对宝宝产生深远的影响，也是孩子学习模仿的榜样。因此，爸爸妈妈在生活中要主动关心、帮助他人，为宝宝培养共情能力创造一个良好的氛围。

**5. 学会尊重别人的意见**

父母要教会孩子善意理解或适当采纳别人的观点及行为，而不是简单采取排斥的态度。

**6. 让孩子学会倾听**

父母要引导孩子在和人对话中，能全神贯注地聆听对方的表达，不随意打断对方讲话，并作出适当的反应，表示听懂了。

## 与孩子"共情"10种做法

对孩子的吃喝拉撒有着无微不至的照顾，就是理想的亲密亲子关系？忙于工作和家务，无法与孩子亲密互动交流？其实与子女建立亲密关系并不难，只要把握住日常生活中的各种机会，就能让孩子与自己亲近。

❶ 多接纳孩子的感受，少问为什么。

❷ 孩子不开心、不愿说话时，可以静静地陪她一会，这也是对孩子最大的心理支持。

❸ 孩子行为不当时，直接用行动制止，同时告诉孩子什么是可以做的，什么是不可以做的即可，而不要一味恐吓。

❹ 积极回应孩子的想法，而不要事事都认同孩子的想法。

❺ 体谅孩子的真实感受，用"你的意思是……""你想说的是……"等引导孩子说出心里话。家长千万不要用否定、拒绝、建议、提问、过分同情、逻辑分析等态度来否定孩子的感受。

❻ 站在孩子的立场，认真倾听孩子的心声，并用"你愿意给我讲讲你的想法吗"等句式鼓励孩子表达出自己的意见，为融洽交流创造一个良好的开端。

❼ 对孩子的所作所为要慎用贿赂和奖赏，以免引起孩子产生"不给报酬就不做事"等消极心态。

❽ 不要轻易给孩子许诺，更不能要求孩子做出承诺。

❾ 称赞孩子的努力行为而不要给予定性评价。对人不对事的肯定评价会给孩子压力，如果父母只是针对孩子的努力进行夸奖，就能进一步激励孩子的做事热情。

❿ 孩子向父母表达一些事情或感受时，父母的反应不要过于强烈或冷淡，而要将问题细化，告诉孩子您知道他的心情"很难过""很生气"等等。

# 依恋类型小测试

想知道我们家长自己是哪种依恋类型么？对孩子又有何影响？来做做下面这个小测试吧。

以下描述哪种最符合你的感受？

**A.** 我感觉与别人接近相对容易，依赖他们以及让他们依赖我都感觉自在。我不会常担心遭人遗弃或别人与我太接近。

**B.** 与别人接近会让我感觉不自在；完全相信别人是很困难的，如果别人靠得太近，我会紧张。如果爱侣过于亲昵，我会不自在。

**C.** 我常担心伴侣并不是真的爱我，或者不想和我在一起了。我想完全地与另外一人融为一体，而这一想法常常会把别人吓跑。

**分析：**

第一种情感类型是"安全型"。"安全型"父母总是在孩子需要时出现，这会让孩子很舒适地享受关心和爱护，觉得父母和其他人是安全和亲切感的可靠源泉。这样的孩子会发展出安全型的依恋方式：喜欢与人交往，容易有信任感。

第二种是"回避型"。"回避型"父母在照顾孩子时，容易心不在焉，勉为其职，甚至有时会厌烦、敌视孩子。孩子在成长中会强烈意识到父母是靠不住的，于是在人际交往中容易猜忌生疑，或退缩不前，尽量回避相互依赖的亲密关系，长大后也会表现出"回避型"的依恋方式。

第三种是"焦虑矛盾型"。"焦虑矛盾型"父母养育的孩子，获得的关照是不可预期的，经常不一致，有时热情备至，有时心不在焉，就会让孩子产生冷漠、复杂之感，因为不知道何时父母会回来保护他们，就会变得紧张和过分依赖，表现出过分的需求，长大后也会发展成为"焦虑矛盾型"。

大规模调查研究发现，60%的人都是安全型的，25%是回避型的，10%是焦虑矛盾型。安全型的人更容易拥有放松、舒适的亲密关系。

# 附 录

## 0～1个月宝宝能力发展测评

### ★ 大动作能力测评

俯卧抬头

操作方法：让宝宝俯卧，头部稍稍抬起，左右观看。

通过标准：宝宝抬头，眼睛能抬起观看，通过。

扶腋行走

操作方法：扶着宝宝的腋窝，站在硬的地面，让宝宝迈步。

通过标准：可以迈5步，通过。

### ★ 精细动作能力测评

握物

操作方法：给宝宝一把勺或者笔，让宝宝握紧勺把或笔杆。

通过标准：宝宝能握紧10秒及以上，通过。

### ★ 社会交往能力测评

回应微笑

操作方法：大人用手指挠宝宝胸脯，宝宝发出回应性的微笑。

通过标准：出现在30天以内，通过。

### ★ 认知能力测评

看笑脸

操作方法：将笑脸的卡片或黑白相间的图片放在宝宝正面20厘米处。

通过标准：宝宝能看7秒及以上，通过。

寻找声源

操作方法：用能发声的玩具在距宝宝10厘米处发出声响。

通过标准：宝宝会转头寻找声源，通过。

### ★ 语言能力测评

发出喉音

操作方法：与宝宝对话，引导宝宝快乐地发出细小的喉音。

通过标准：宝宝能偶尔发出喉音，通过。

# 1～3个月宝宝能力发展测评

## ★ 大动作能力测评

抬头

操作方法：宝宝俯卧时，用双手或肘部支撑身体，能抬头达90°。

通过标准：用双手或肘支撑，抬起半胸，通过。

侧翻身

操作方法：用玩具逗引宝宝能翻身90°。

通过标准：俯卧翻至侧卧，通过。

## ★ 精细动作能力测评

玩小手

操作方法：宝宝平时喜欢用眼睛看着双手。

通过标准：双手互相抓握玩耍，通过。

## ★ 社会交往能力测评

主动笑

操作方法：见到熟人或照镜子时，宝宝会主动笑。

通过标准：见到人就会笑，通过。

## ★ 认知能力测评

认妈妈

操作方法：宝宝看到妈妈时，妈妈要观察宝宝的动作和表情。

通过标准：能对妈妈表现出特别的偏爱，通过。

眼睛追视

操作方法：宝宝看到红色卡片后用眼睛追视。

通过标准：头和颈活动起来，上下左右各方向追视，通过。

## ★ 语言能力测评

出声回应

操作方法：逗引宝宝，宝宝大声地回应。

通过标准：只要宝宝能回应，无论大声还是小声，都算通过。

# 4～6个月宝宝能力发展测评

## ★ 大动作能力测评

抱奶瓶

操作方法：宝宝喝奶时，观察他的双手。

通过标准：双手可以抱瓶，需要大人帮忙托瓶，通过。

扶腋蹦跳

操作方法：大人扶着宝宝站在膝盖上，扶腋蹦跳。

通过标准：单腿可以伸直，通过。

## ★ 精细动作能力测评

抓脚丫

操作方法：宝宝仰卧时，自由抬腿。

通过标准：手抓到脚丫，通过。

双手抱球

操作方法：宝宝仰卧时，在他的上方吊一个双手可以拿到的颜色鲜艳的球。

通过标准：双手抱取，通过。

靠坐

操作方法：让宝宝在小椅子上练习靠坐。

通过标准：能靠坐1分钟及以上者，通过。

## ★ 社会交往能力测评

玩躲猫猫

操作方法：和宝宝一起玩躲猫猫的游戏。

通过标准：知道蒙脸逗笑，大人蒙脸没拉开，宝宝会拉开，通过。

## ★ 认知能力测评

听声识物

操作方法：大人说出物品名称，宝宝会转过头去看。

通过标准：眼睛看着物体或拿物体的大人的手，通过。

听金属声寻物

操作方法：听到金属物品落地的声音时，会去寻找物品。

通过标准：听到声音用目光看地面寻找物品，通过。

★ **语言能力测评**

发出喉音

操作方法：与宝宝对话，引导宝宝快乐地发出细小的喉音。

通过标准：宝宝能偶尔发出喉音，就算通过。

# 7～9个月宝宝能力发展测评

## ★ 大动作能力测评

扶物站立

操作方法：宝宝自己扶着栏杆、沙发等站起来。

通过标准：在大人的帮助下，宝宝站立起来，通过。

爬行

操作方法：宝宝独立爬行。

通过标准：宝宝以各种姿势独立向前爬行，通过。

## ★ 精细动作能力测评

食指的本领

操作方法：宝宝用食指抠洞、转盘、按键和碗中取物。

通过标准：宝宝会2～3种，通过。

## ★ 社会交往能力测评

读表情

操作方法：大人对着宝宝做出各种表情，如高兴、悲伤、生气等。

通过标准：宝宝能读出其中2～3种，通过。

## ★ 认知能力测评

认识身体部位

操作方法：大人教宝宝认识身体的各个部位如手、耳、鼻、眼等。

通过标准：宝宝听到名称会用动作表示，通过。

找玩具

操作方法：用毛巾或布块将玩具盖起来，让宝宝来找。

通过标准：宝宝的头和颈部上下左右方向活动，眼睛到处追视，通过。

## ★ 语言能力测评

用动作表示语言

操作方法：宝宝会用动作表示语言，如"再见""敲敲""拿来"等。

通过标准：会2～3种，通过。

# 10～12个月宝宝能力发展测评

## ★ 大动作能力测评

### 走几步

操作方法：松开宝宝的手，他可以独立走几步。

通过标准：能走3～4步，通过。

### 蹲下捡物

操作方法：宝宝蹲下身子，捡地上的物品，然后不扶自己站起，他能站稳一小会儿。

通过标准：能站稳3秒，通过。

## ★ 精细动作能力测评

### 码积木

操作方法：宝宝把积木捡到盒子里，并码放整齐。

通过标准：码放3～4块，通过。

### 戴帽子

操作方法：给宝宝一顶帽子，观察宝宝。

通过标准：会戴上，通过。

## ★ 社会交往能力测评

### 记住小朋友的名字

操作方法：和小朋友一起玩，看看宝宝能记住几个小朋友的名字。

通过标准：宝宝记住1～2个，通过。

## ★ 认知能力测评

### 认识动物

操作方法：给宝宝看动物图片，让他指出动物的特点，如长颈鹿脖子长，大象鼻子长，兔子耳朵长等。

通过标准：宝宝指出1～2种动物的特点，通过。

## ★ 语言能力测评

### 学动物叫

操作方法：让宝宝学动物叫，如猫、狗、鸡、鸭等。

通过标准：宝宝会学3～4种动物的叫声，通过。

# 1～1.5岁宝宝能力发展测评

## ★ 大动作能力测评

### 学跑
操作方法:宝宝已经能够走稳了,开始学跑,看宝宝跑的时候是怎么停下来的。
通过标准:宝宝能扶物停下,通过。

### 蹦跳
操作方法:宝宝站在一级台阶上,向地面跳,看宝宝是如何跳的。
通过标准:宝宝愿意牵着大人的手跳,通过。

## ★ 精细动作能力测评

### 翻书
操作方法:给宝宝一本书,观察宝宝,看他能否从头开始看,是否从头开始翻书,是否一页一页地翻书。
通过标准:宝宝做对2项,通过。

### 画线
操作方法:让宝宝自己拿笔画线。
通过标准:宝宝能画出长线或者是封闭的曲线,通过。

## ★ 社会交往能力测评

### 听指令
操作方法:大人吩咐宝宝拿东西,如拖鞋、雨伞、遥控器、杯子等。
通过标准:宝宝找到1～2种,通过。

### 分享
操作方法:宝宝拿食物后,会与爸爸妈妈、爷爷奶奶分享。
通过标准:能够与2个人分享,通过。

## ★ 认知能力测评

### 认交通工具
操作方法:让宝宝从卡片里指出飞机、轮船、汽车、自行车、火车等交通工具。
通过标准:宝宝认识4～5种,通过。

认颜色

操作方法：给宝宝看不同颜色的卡片，让他说每张卡片的颜色。

通过标准：认识2种，通过。

★ **语言能力测评**

背儿歌

操作方法：让宝宝背儿歌。

通过标准：宝宝能完整背诵一首儿歌，通过。

# 1.5～2岁宝宝能力发展测评

## ★ 大动作能力测评

扶栏杆上下楼梯

操作方法：让宝宝扶栏杆上下楼梯，观察它双脚的动作。

通过标准：扶着栏杆，双脚站到一级台阶后再上下，通过。

抛接球

操作方法：大人和宝宝面对面，将球抛给宝宝，让宝宝接到球后再抛给大人，观察宝宝接抛球的距离如何。

通过标准：宝宝在1米远的地方接抛球，通过。

## ★ 精细动作能力测评

套杯

操作方法：给宝宝一个套杯玩具。

通过标准：将杯子按大小顺次套入6～8个，通过。

## ★ 社会交往能力测评

捉迷藏

操作方法：宝宝知道躲起来让大人找，看看宝宝喜欢躲在哪里，如门后面、桌子底下、床底下、窗帘后面。

通过标准：宝宝能藏2处地方，通过。

## ★ 认知能力测评

"你"和"我"

操作方法：问宝宝问题，比如"你几岁了？""你吃饭没有？"等。

通过标准：经提醒后，能用"我"来回答，通过。

## ★ 语言能力测评

家人叫什么

操作方法：知道家人的名字，如果你问他爸爸、妈妈、爷爷、奶奶叫什么，他能够清楚地回答出来。

通过标准：回答出2～3个人的名字，通过。

唱歌

操作方法：让宝宝演唱一首儿歌。

通过标准：宝宝基本会唱，能听出他唱的是什么，通过。

# 2～2.5岁宝宝能力发展测评

## ★ 大动作能力测评

跳远

操作方法：宝宝立定站好后向前方跳。

通过标准：宝宝能跳10～15厘米，通过。

爬高

操作方法：宝宝在儿童专用的攀登架上爬来爬去。

通过标准：宝宝爬4梯，通过。

## ★ 精细动作能力测评

捏物

操作方法：给宝宝橡皮泥，让宝宝捏出面条、大饼、碗、盘等。

通过标准：能捏出5种，通过。

## ★ 社会交往能力测评

听声辨人

操作方法：让宝宝熟悉的人说话，让宝宝辨认谁在说话。

通过标准：辨认4～5人，通过。

## ★ 认知能力测评

多和少

操作方法：把糖果分成两份，一边1颗，一边2颗，让宝宝指出哪边多哪边少，
然后调整。

通过标准：宝宝答对2～3次，通过。

## ★ 语言能力测评

礼貌的宝宝

操作方法：宝宝会说礼貌用语了，比如"你好""谢谢""对不起""没关系""再
见""晚安"等。

通过标准：宝宝会说5～7种，通过。

# 2.5～3岁宝宝能力发展测评

## ★ 大动作能力测评

单脚跳

操作方法：让宝宝手不扶物，单脚连续跳跃。

通过标准：宝宝连续跳3～4下，通过。

## ★ 精细动作能力测评

搭楼梯

操作方法：大人搭一个三四级的楼梯让宝宝看，然后推倒让宝宝凭记忆再
搭起来，看看宝宝用时多少。

通过标准：宝宝用时1.5分钟，通过。

## ★ 社会交往能力测评

寻物

操作方法：让宝宝按指令找出物品：爸爸的眼镜、妈妈的皮包、奶奶的围裙、
爷爷的报纸等。

通过标准：宝宝能按指令找到10种，通过。

## ★ 认知能力测评

画人

操作方法：让宝宝用画笔在纸上画人，观察宝宝能画出人体哪些部位。

通过标准：宝宝画出人体3～4处的部分，通过。

## ★ 语言能力测评

看图讲故事

操作方法：给宝宝讲故事，讲到结尾处让宝宝自己看图讲结尾，看看宝宝
能讲几句。

通过标准：宝宝能讲出2～3句，通过。

# 3～3.5岁宝宝能力发展测评

## ★ 大动作能力测评

独脚站

操作方法：不扶物，独脚站5秒或5秒以上，可以示范给宝宝看。

通过标准：用任何一只脚独脚站5秒或5秒以上，通过。

单脚跳

操作方法：宝宝单脚跳。

通过标准：单脚，不扶物，在原地跳出一定距离，连续可跳2次以上，通过。

有方向地踢球

操作方法：宝宝站在离成人1米左右的距离，用脚把球踢向成人。

通过标准：将球踢向成人，通过。

## ★ 精细动作能力测评

剪子： 用剪子剪一下

操作方法：将白纸和剪刀给宝宝，让宝宝使用剪刀剪纸，必要时可示范。

通过标准：用剪刀明确地剪一下，并成功剪开纸，通过（剪开一个小口，
即通过）。

方木： 模仿搭城门

操作方法：在示范搭城门过程中，叮嘱宝宝仔细看着，上面3块下面2块。

通过标准：宝宝能搭起城门，3试1成，通过。

穿入珠孔

操作方法：示范用绳子穿珠子，成人连续穿几颗之后交给宝宝，鼓励宝宝
自己穿珠。

通过标准：宝宝能将绳子穿入珠孔，通过。

## ★ 社会交往能力测评

会自己穿脱衣服

操作方法：看宝宝能否自己独立穿脱衣服。

通过标准：宝宝能独立穿脱衣服，通过（但系鞋带等复杂动作可帮助）。

懂得先后次序

操作方法：给宝宝创造做轮流游戏或活动的机会。

通过标准：倘能按先后次序等候，通过。

## ★ 认知能力测评

模仿画圆

操作方法：成人示范给宝宝画圆形，不说出圆的名称让宝宝模仿画出。

通过标准：任何闭合的圆形为通过，只要不是连续不断地画下去，通过；
不闭合，不通过。

计数： 比多少

操作方法：给宝宝一多一少两组同一物品，问宝宝哪组多些、哪组少些。

通过标准：宝宝能准确回答出多还是少，通过。

用手指着物体数到 5

操作方法：成人示范用手口一致的方法点数物品（扣子或珠子等），示意
宝宝照做。

通过标准：宝宝手口一致点数物体，数到 5 个以上，通过。

## ★ 语言能力测评

理解方位词 4 个对 3 个

操作方法：给宝宝一个方木块，嘱他做下列事项，每次做一件事

1. "把木块放在桌子上面"；

2. "把木块放在桌子下面"；

3. "把木块放在妈妈椅子前面"；

4. "把木块放在妈妈椅子后面"；

通过标准：4 次对 3 次，通过，见到放错地方不要纠正。

图片： 说出 10 件物品的名称

操作方法：给宝宝出示 10 件物品的图片，让宝宝说出名称。

通过标准：宝宝能全部说出，通过。

理解： 回答 3 个问题

操作方法：冷了怎么办？饿了怎么办？困了怎么办？

通过标准：3 个问题回答对 2 个，通过（每次问一个问题）。

# 3.5～4岁宝宝能力发展测评

## ★ 大动作能力测评

**独脚站**

操作方法：不扶物，用任何一只脚独脚站8秒或8秒以上，可以示范给宝宝看。

通过标准：独脚站8秒或8秒以上，通过。

**脚跟对脚尖向前走**

操作方法：示范8步，前一足的脚跟对着后一足的脚尖来走路。

通过标准：宝宝照样走4步以上，通过。注意两脚尖距离小于3厘米。

**独脚跳走一米**

操作方法：在宝宝面前划出一米远的距离，让宝宝独脚向前跳，到终点。

通过标准：宝宝能跳过1米或更远（中间另一只脚不能落地），通过。

## ★ 精细动作能力测评

**积木：照样搭城门**

操作方法：让宝宝观看搭好的城门，并让他照着搭一座城门。

通过标准：宝宝能将城门搭好，不倒，通过。

**绘画：描绘菱形**

操作方法：将画好的双层菱形卡片（绘图时加画一个箭头在两线中间位置）给宝宝看，说"你像我这样在两条线中间画，但不能碰到这两条线"，边说边用铅笔从箭头处开始在两条线中间画，缓慢地示范，一直画完。将另一张同样的双层菱形卡片给宝宝，鼓励他照着画。

通过标准：若画线在两条线之间，与边线无接触，宝宝做2次其中1次成功，通过。

**剪子：用剪子剪开口**

操作方法：将白纸和剪刀给宝宝，让宝宝使用剪刀剪纸，不示范。

通过标准：用剪刀剪开5厘米以上小口，通过。

## ★ 社会交往能力测评

**能自己刷牙**

操作方法：宝宝每天自己刷牙。

通过标准：每天能自己刷牙，通过。

交往： 爱问为什么

操作方法：宝宝平时是否喜欢问为什么。

通过标准：经常有这种行为，通过。

会穿鞋， 分清左右脚

操作方法：宝宝能自己穿上鞋，并分清左右（不要求系鞋带）。

通过标准：能自己分清左右并穿上，通过。

## ★ 认知能力测评

绘画： 未完成的人形图案上至少加画 5 部分

操作方法：给宝宝铅笔，让他在人形图案上添加缺失的部分，不要提示他
添加哪个部分。

通过标准：若宝宝能添对 5 处以上部分，通过。

比轻重： 5 块分别无误

操作方法：给宝宝 5 件轻重有差异的东西，两两对比，分辨出轻重物品。

通过标准：能准确地分辨出来，通过。

计数： 用手指着物体数到 9·

操作方法：给宝宝 15 粒珠子，让宝宝用手指点数 9 粒珠子。

通过标准：宝宝手口一致点数 9 粒珠子，通过。

## ★ 语言能力测评

会说三个词中的反义词

操作方法：在宝宝认真听问话的情况下问（每次一句）

　　　　　1. 火是热的，冰呢？（冷，冻）

　　　　　2. 妈妈是女的，爸爸呢？（男的）

　　　　　3. 马是大的，老鼠呢？（小的）

通过标准：必要时可重复 3 次，2 个说恰当，通过。

认识 4 种颜色的 3 种

操作方法：在宝宝面前桌上，同时放红、蓝、绿及黄色木块各一块，让宝
宝指出其中三种颜色，或让宝宝将不同颜色木块给成人等，宝
宝将木块给成人，成人务必把木块重放在桌面上，然后再要第
二种颜色的木块，不要使宝宝知道他的反应正确或错误，也不

要求宝宝说出颜色名称。

通过标准：4次中有3次拿对正确的木块，通过。

**语句： 重复13个字及以上的句子**

操作方法：让宝宝复述"爸爸妈妈还有我，一起去公园玩"（十三个字以上的句子）。

通过标准：复述准确，通过。

绿色的棒棒糖。

# 4～5岁宝宝能力发展测评

## ★ 大动作能力测评

### 两脚交替跳

操作方法：示范，左、右脚交替，单脚跳起。

通过标准：左脚一下，右脚一下，交替跳两次以上，跳过高度5厘米以上，通过。

### 脚尖对脚跟退走

操作方法：示范给宝宝看，用一脚的脚尖接在另一脚跟的后面走，然后让宝宝照样走。

通过标准：倒退4步或以上，通过。注意一脚跟与另一脚尖距离不超过3厘米。

### 抓住蹦跳的球

操作方法：面对宝宝，相距90厘米，把球拍向地，让它跳向宝宝，球触地点在宝宝与成人之间的一半距离，球蹦起高度应到宝宝的颈部和腰部之间，叫宝宝抓住蹦跳的球。

通过标准：宝宝单手或双手抓到球，通过。

## ★ 精细动作能力测评

### 描绘十字

操作方法：将画好的"十"字卡片给宝宝，并用铅笔描绘给宝宝看，对他说"照这样画"，画完后给宝宝一张同样的纸让他画。

通过标准：若宝宝成功地描绘一个"十"，2试1成，通过。

### 剪下圆形

操作方法：将一张画有圆形的卡片和一把剪刀给宝宝，让宝宝沿线剪出圆形。

通过标准：宝宝能沿线剪下来，通过。

### 用筷子夹花生米

操作方法：将5～6粒花生米放在小盒子中，让宝宝拿一双筷子夹起花生米。

通过标准：3次中夹起2次，通过。

## ★ 社会交往能力测评

### 喜欢做引人注意的表演

操作方法：在公共场合要求宝宝表演一个节目。

通过标准：能够应要求作表演，通过。

看图说出有什么不对的地方（鸡在水里游、雨中看书）

操作方法：给宝宝看两张错误的图片，要求宝宝指出错误。

通过标准：两个错误完全指出，通过，指出一个，不通过。

懂得左右

操作方法：第一步，左手摸左耳朵，右手摸右耳朵；第二步，左手摸右耳朵，
右手摸左耳朵。

通过标准：两次均做对，通过。

## ★ 认知能力测评

复制方形

操作方法：把一个正方形图片给宝宝，不要讲出它的名称或移动手指或铅
笔表示如何画出，只嘱宝宝照图画出。

通过标准：宝宝画出具有直线和 4 个方角图样，事先未经示范，4 个角由交
叉直线形成，图形不应是圆形，而是尖的或方形，长边不应超
过宽的 2 倍，通过。

画出人体的 3 个部分

操作方法：给宝宝纸和铅笔，让他画一个男人或女人，不要提示他画任何
部分，看他已画完时，问：你画完了吗？宝宝回答：是，便对
图画评分。

通过标准：宝宝画出身体的 3 个或更多部分，通过（成对的如耳、眼算一
个部分，若成对的部分只画出一侧，不通过；倘画出的部分有
怪样，宝宝可能认为属于身体正常部分时，应注明）。

计算：倒背数字 10 ~ 1

操作方法：让宝宝从 10 ~ 1 倒背数字。

通过标准：宝宝能准确背出，通过。

## ★ 语言能力测评

重复 13 个字的句子

操作方法：成人说出一句话，包含 13 个字，让宝宝重复。

通过标准：13 个字的句子照样说出，通过。

**说出东西是什么做的**

操作方法: 必须在宝宝认真听成人问话时, 提出下列问题, 每次问一句: 1."你
身上的衣服是什么做的? "2."你脚上的鞋是什么做的? "3."这
张桌子是什么做的? "

通过标准: 答案符合实际情况, 通过。

**解释词义**

操作方法: 成人出示具体物品或模型, 如一个球、一个玩具汽车, 一个收音机,
一把钥匙, 指着一样一样问宝宝: 这是什么? 干什么用的? 什
么形状? 属于什么? 必要时每个可重复3次, 说出每个问题后,
应耐心等待宝宝回答。

通过标准: 宝宝说出的词意符合: ①用途, ②形状, ③原料, ④属类(例
如桌子属于木料类)。如球是拍的, 踢的, 玩的, 圆形, 塑料
做的, 通过。

# 5～6岁宝宝能力发展测评

## ★ 大动作能力测评

### 立定跳高
操作方法：示范，悬挂一个彩球，鼓励宝宝跳起摸球。
通过标准：宝宝双足跳起，直腿跳离地面5厘米，通过。

### 拍球
操作方法：大小适中的皮球，让宝宝拍。
通过标准：连续拍5个或5个以上，通过。

### 跳绳
操作方法：成人示范跳绳，让宝宝照做。
通过标准：宝宝能跳过，连续3个以上，通过。

## ★ 精细动作能力测评

### 夹花生米入瓶
操作方法：让宝宝用筷子夹花生米，装入小瓶，越快越好。
通过标准：15秒以内能夹1～3粒花生米入瓶，通过。

### 描绘几何图形
操作方法：叫宝宝照着描画圆形、正方形、菱形、三角形、梯形等5个几何图形。
通过标准：5个图形中，有3个正确，通过。

### 剪下各种形状
操作方法：将一张画有圆形、正方形、菱形、三角形、梯形的图纸交给宝宝，再给他一把安全剪刀，让他将图形剪下来。
通过标准：基本沿着画线剪成三个，通过。

## ★ 社会交往能力测评

### 知道今天、明天、后天是星期几
操作方法：问宝宝今天是星期几，明天是星期几，后天是星期几。
通过标准：全部答对，通过。

在游戏中起主导作用

操作方法：在跟小朋友游戏中，会指挥其他小朋友做事情。

通过标准：有这种行为，通过。

知道饮食卫生

操作方法：在日常生活中，知道饭前便后洗手，没有洗过的水果不吃。

通过标准：基本能做到，通过。

## ★ 认知能力测评

懂得左右

操作方法：问宝宝：哪个是左手？抬起你的右脚。

通过标准：能准确回答或做出，通过。

自创故事

操作方法：给宝宝三张图片，按正确的顺序排列，使之成为一个合理的故事情节。

通过标准：排列合理，通过。

5 以内实物减法

操作方法：如问宝宝，有四块糖，给爸爸两块，还剩几块？（给出实物问宝宝）

通过标准：宝宝能回答准确，通过。

## ★ 语言能力测评

会使用电话简单对话

操作方法：成人让宝宝拨一真实电话号码并对话。

通过标准：号码拨对并说话，通过。

将图片排成故事讲出来

操作方法：将4张打乱的图片展示在宝宝面前，让宝宝按顺序排成一个讲得通的故事。

通过标准：排列符合顺序，通过。

**图书在版编目（CIP）数据**

亲密育儿经 ／ 王友爱著 . —— 南京 ：东南大学出版
社，2014.2
（聪明宝贝养成计划）
ISBN 978-7-5641-4626-9

Ⅰ．①亲… Ⅱ．①王… Ⅲ．①婴幼儿 - 哺育
Ⅳ．① TS976.31

中国版本图书馆 CIP 数据核字 (2013) 第 263059 号

**亲密育儿经**

出版发行　东南大学出版社
出 版 人　江建中
插　　画　李金凤
社　　址　南京市四牌楼 2 号（邮编：210096）
网　　址　http://www.seupress.com
经　　销　新华书店
印　　刷　北京海石通印刷有限公司
开　　本　787mm×1092mm　1/16
印　　张　15.75
字　　数　397 千字
版　　次　2014 年 2 月第 1 版
印　　次　2014 年 2 月第 1 次印刷
书　　号　ISBN 978-7-5641-4626-9
定　　价　42.00 元

· 本社图书若有印装质量问题，请直接与营销部联系，电话：025 - 83791830。

# 婴幼儿
# 健康指南

悦成长　编写

 悦成长
Joyful Growth

 东南大学出版社
SOUTHEAST UNIVERSITY PRESS

前言

　　十月怀胎，一朝分娩，宝宝终于呱呱坠地。从此刻起，准爸爸、准妈妈光荣地晋升为伟大的父亲、母亲！在育儿的过程中，父母必将遇到宝宝生长发育中的许多问题。本书将在以下几个方面对您有所帮助：

　　★　监护宝宝发育的过程。

　　从出生到幼儿期，是人一生之中发育最为迅速的时期，对新手父母来说也是最容易产生疑问的时期。清楚宝宝发育的阶段特点，把握生长的脉络，便可以保证孩子在此阶段身体的各个方面发育良好。

　　★　了解宝宝各阶段养育重点。

　　日常养育的细节影响着宝宝一生的健康，父母若能了解到宝宝各年龄阶段养育需注意的要点，就能做到了然于心，少走弯路。而及时发现宝宝身体的变化，对异常信号反应迅速，则能防患于未然，不至于手忙脚乱，耽误了病情。

★ 四季饮食注意事项。

帮助爸爸妈妈根据天气和季节的变化及时给宝宝更换饮食，并通过食疗来增强宝宝身体素质，让宝宝一年四季都吃得开心又健康。

★ 通过症状来查阅疾病。

本书列举了婴幼儿的常见疾病，家长可以根据症状查询相应的内容，了解可能引起这种症状的原因，对情况是否严重有一个初步的判定，并知道采取何种急救措施、就医准备以及家庭护理方法。

衷心希望此书能为孩子多添一份健康，为父母多增一份安心。

## 目录

# 0～3岁宝宝身体发育指标

## 新生儿

| | |
|---|---|
| 体重 | 新生儿出生时体重超过 2.5 千克，一般在 3～4 千克。 |
| 身长 | 足月新生儿出生时身长超过 47 厘米，一般在 47～53 厘米。 |
| 头围 | 新生儿出生时平均头围在 33～34 厘米。 |
| 胸围 | 胸围比头围小 1～2 厘米，平均为 32.4 厘米。如果头围比胸围小太多，叫小头畸形；如果头围比胸围大太多则可能是脑积水。 |
| 坐高 | 约 33 厘米，出生时坐高约为身长的 66%。 |
| 呼吸 | 以腹式呼吸为主，呼吸较浅，而频率较快，约为每分钟呼吸 40～60 次。 |
| 心率 | 触摸新生儿的脉搏会发现，宝宝的心跳快心率波动较大，睡着时为 90～100 次／分，活动时为 120～140 次／分，哭闹时甚至高达 160～180 次／分。 |
| 皮肤 | 一般在出生 2～3 天后皮肤开始发黄，出生后 4～5 天是高峰期，皮肤颜色最黄，有时连眼白都发黄，一周后逐渐退掉，这叫做生理性黄疸。但有些宝宝刚出生皮肤就发黄，也是正常现象。 |
| 体温 | 新生儿正常体温为 36～37.5℃，因为体温调节功能还不完善，要特别注意给他保暖，炎热天气新生儿卧室应注意通风（但要避免穿堂风）。 |
| 四肢 | 看手指和脚趾末端，可能微微发紫，这是新生儿四肢血流不多的原因。 |
| 大小便 | 刚出生 12～24 小时内先排出黑绿色胎便，此后转为金黄色；大多数新生儿出生后 6 小时排尿，但尿量及排尿次数都比较少，大约一周后尿量明显增多。若出生超过 24 小时没有大便或小便，就要立刻就医。 |
| 视力 | 宝宝刚出生时视力很低，但有光感，当强光射到眼睛时，瞳孔会缩小。 |
| 听力 | 出生一周左右，听力就会逐渐增强，同时自己还会做出生理反应。 |

## 1~2 个月

| | |
|---|---|
| 智力发育 | ● 对压力、冷、热有反应。<br>● 对亮光和黑暗有反应，眼球的运动不协调，在视线范围内能注视物体。<br>● 听见声音时增加活动并凝视，对苦味和酸味表示拒绝。<br>● 下列反射存在：拥抱反射、颈部紧张反射，以及伸舌、吸吮、吞咽、咳嗽、呵欠、喷嚏、眨眼等反射。 |
| 运动发育 | ● 当俯卧时，能做出爬的样子。<br>● 当看见人的面部时，活动减少；被抱时，表现出特征性的姿势（如紧紧蜷曲像个小猫）。 |
| 语言能力发育 | ● 哭吵的特征随环境而变。<br>● 喉咙部会发出出其不意的声音。<br>● 对宝宝讲话或抱着宝宝时，宝宝表现安静。 |
| 情感发育 | ● 当不舒服时会剧哭，但无眼泪。<br>● 寻找愉快并立即表示满意。 |
| 习惯养成 | ● 一天睡 20 小时左右，大约有 3 小时是深睡不醒的。<br>● 睡眠时间比较长，且形成了规律。 |

## 3~5 个月

| | |
|---|---|
| 智力发育 | ● 前庭觉发展完毕；除了视觉有待发展，其他四觉发展很好。<br>● 触摸宝宝的皮肤会发生反应；能分清爸爸妈妈和陌生人。<br>● 与人交往的能力增强。 |
| 运动发育 | ● 能够翻身，自己转头；会用一只手够取玩具。<br>● 开始拍打视线内的玩具；模仿能力增强。 |
| 语言能力发育 | ● 会和大人咕咕地说话；高兴时会大声笑；喜欢听音乐。<br>● 喜欢吸吮手指；知道自己的名字。 |
| 情感发育 | ● 会对着镜子里的人笑；喜欢和大人玩藏猫猫等游戏。<br>● 会根据自己的需要是否得到满足而表现喜怒哀乐等情绪。 |
| 习惯养成 | ● 开始对辅助食品感兴趣。<br>● 有规律的睡眠时间。 |

## 6~8 个月

| 智力发育 | ●分析记忆力比以前强，一件东西可以唤起以前的记忆。<br>●联想力开始增强，会联想起开心时刻而笑。<br>●观察力及了解力大增加。<br>●已经知道很多事物的因果关系，被人拿走玩具会不快和尖叫。<br>●分辨能力也开始提高，能分辨出镜中便是自己。 |
|---|---|
| 运动发育 | ●渐渐发展出直立平衡的能力；已较好地掌握了爬行的技能。<br>●手指灵活度增高，可以捏起东西；可以进行敲打和双手传递东西。 |
| 语言能力发育 | ●会发出简单的音节；对声音开始关注；开始咿咿自语。<br>●常常会主动与他人搭话；听音辨声和视觉观察的能力愈来愈强。 |
| 情感发育 | ●开始学习模仿大人表情等。<br>●对妈妈或者经常照顾他的人，产生了依赖。<br>●开始认生，出现了害怕、高兴、焦虑、害羞、好奇等情绪。<br>●赞美他（她）会高兴，批评他（她）会哭泣。 |

## 9~12 个月

| 智力发育 | ●懂得物的永恒性；记忆力明显增强。<br>●已经懂得和别人分享；有很强的占有欲。 |
|---|---|
| 运动发育 | ●已经能够很熟练地爬行，甚至可以站立一会，或者走一两步。<br>●宝宝能稳坐较长时间。<br>●拇指和食指能协调地拿起小的东西。会招手、摆手等动作。 |
| 语言能力发育 | ●已经可以开口叫爸爸妈妈，可以说简单的一两个字。<br>●能听懂的话越来越多；会模仿别人的声音。 |
| 情感发育 | ●会模仿大人的动作表情；依恋性增强。<br>●懂得交朋友；学会了礼貌动作或语言。<br>●对父亲比较依赖。 |

## 13~15 个月

| 智力发育 | ●能记住自己喜欢和讨厌的东西。<br>●能从镜子中认出自己，不会再伸出手去试着摸摸镜里的"另一个"宝宝了；开始把自己当作一个独立的个体。 |
|---|---|
| 运动发育 | ●能独自站稳并且可以弯腰捡拾东西，然后再站直。<br>●吃饭时喜欢自己动手。<br>●当妈妈给宝宝穿衣服时，宝宝能够配合妈妈伸出小胳膊和小腿。<br>●大多数 13 个月以后的宝宝都能抓住一块积木，并把它扔到盒子里。 |
| 语言能力发育 | ●有些宝宝可能会说出一两句三个字组成的语句，但口齿不清。<br>●有意识地喊爸爸妈妈。<br>●喜欢用一个单词表达多种意思，如"水"，也许是"要喝水"，也许是"给我一点水"。到底是什么意思，要结合当时的情景和具体情况来分析，有经验的父母一般都能准确"领会"自己孩子的意思。 |
| 情感发育 | ●有强烈的好奇心，什么事都想尝试一下。<br>●有了独立的思想和意愿，如果父母的要求不符合自己的愿望，就会反抗。 |

## 16 ~ 18 个月

| 智力发育 | ●记得东西摆放的地方，喜欢为大人服务。<br>●学会分辨颜色。<br>●手眼协调能力好，可以用两个半圆拼出一个圆形。 |
|---|---|
| 运动发育 | ●平地上走得很好，而且很喜欢爬上爬下。<br>●可抬脚踢球，扶栏杆上几步楼梯，开始学跑，会抛球。 |
| 语言能力 | ●会背简单的儿歌；能听懂的话越来越多。<br>●会模仿别人的声音。 |
| 情感发育 | ●学会进入群体；有自己的思想，开始任性。<br>●有自己的独特个性。 |
| 习惯养成 | ●形成固定的睡眠习惯；会坐便盆；自己吃饭。 |

## 19~21 个月

| | |
|---|---|
| 智力发育 | ●能够识别颜色，并且可以分出各种形状。<br>●注意力比以往更集中；学会思考，能听出故事情节。 |
| 运动发育 | ●学会蹦跳、跨越、奔跑的能力还不强，能够蹲下一定的时间。<br>●手的精细动作更灵敏。<br>●可以独自拿杯子喝水，拿勺子吃饭，甚至可以自己上楼梯。 |
| 语言能力发育 | ●语言能力有明显的进步，会背儿歌，有什么情况也会主动跟大人讲。<br>●词汇量明显不够，他（她）说起话来就无法停下，有时会说出意思明确的句子。 |
| 情感发育 | ●喜欢刺激的感觉，而且变得很勇敢；懂得审美。<br>●与人交往能力增强，但是很"自我"。不喜欢别人动自己的东西。 |
| 习惯养成 | ●会自己吃饭，上厕所，刷牙，穿衣等；懂得和小朋友配合。<br>●知道自己的玩具自己收拾，开始自理的生活。 |

## 22~24 个月

| | |
|---|---|
| 智力发育 | ●能从 1 数到 10；宝宝的求知欲望和学习能力也越来越强。<br>●喜欢简单的故事、节奏和歌曲。 |
| 运动发育 | ●能够跑，会双脚跳，独脚站立；会模仿画圆和直线。<br>●会翻书，会将手中的物品朝某个目标扔去。<br>●会扭动门的把手将门打开；会折叠纸 。 |
| 语言能力发育 | ●宝宝已经能用 200 ～ 300 个字，组成不同的语句。<br>●喜欢同周围的人交谈，说话速度很快。<br>●掌握了基本的语法结构，句子中有主语、谓语，熟悉宝宝的爸爸妈妈基本上可以听懂他（她）在讲什么。<br>●喜欢学习各种常见惯用语，并能正确使用。 |
| 情感发育 | ●在陌生人面前表现得很害羞；容易受到挫折。<br>●会很大方地把玩具给别的宝宝玩，但要他（她）们归还。<br>●会经常性地发脾气，通常是因为他（她）有想法却无法表达出来。 |
| 习惯养成 | ●学会自己用筷子吃饭；养成饭前便后洗手的习惯。<br>●养成自己的事情自己做的习惯。 |

## 25~27 个月

| 智力发育 | ●能够认出 8 种颜色和 16 种图形。<br>●求知欲更加强烈。<br>●有了轻重的概念。<br>●认知能力增强。 |
|---|---|
| 运动发育 | ●能小跑，可以双脚离地跳。<br>●能画圆弧，会穿珠子，摆弄扭扣等精细动作。 |
| 语言能力发育 | ●会 2～3 个完整的句子。<br>●能熟练地背诵简单的唐诗，还能认识"大、小、山、水"等笔划少的字。可以跟随录音机哼唱 3 个音阶以内的歌曲。 |
| 情感发育 | ●社交能力越来越强。<br>●宝宝已经会用声音表示喜怒等情绪。<br>●已经有较强的自我意识，明白自己和他人是有区别的。 |
| 习惯养成 | ●能自己开关水龙头洗手洗脸，吃饭时乐于为别人夹菜。<br>●自己刷牙、洗手擦手等方面也做得更好。 |

## 28~30 个月

| 智力发育 | ●能够分辨天气；有自己的喜好。<br>●会说简单的英语；读书的兴趣越来越浓。 |
|---|---|
| 运动发育 | ●可以跑得很快，会绕过障碍；学会用剪刀；平衡能力增强。<br>●学会骑脚踏车。 |
| 语言能力发育 | ●能正确复述 3～4 个字的话；也能重复你说出的 3 个以上的数字。 |
| 情感发育 | ●创造欲望变强；依赖父母，但又想独立。<br>●需要交朋友，否则宝宝会很孤单。 |
| 习惯养成 | ●学会自己解系扣子；自己刷牙、洗手擦手。也学会了自己洗脚。 |

| 智力发育 | ●会分辨别人的性别；有了自己对颜色的喜恶。<br>●会对东西进行分类；理解数字的含义。 |
|---|---|
| 运动发育 | ●会踮脚走碎步；能跨过障碍。<br>●能够掌握身体平衡，手眼能力进一步协调。<br>●会骑脚踏车；会跳会弯腰钻爬；能画各种形状的线条。 |
| 语言能力发育 | ●能够理解一些介词、代词、动词、形容词，并开始能理解一些表达时间的词语。<br>●词汇量增加，理解连续两个简单的命令。 |
| 情感发育 | ●有自己的情绪变化；具有一定的攻击性。<br>●喜欢和人交往。 |
| 习惯养成 | ●喜欢帮忙；会自己洗脸、穿衣。<br>●学会餐前摆好用具；会自己吃饭。 |

34~36 个月

| 智力发育 | ●会引述过去发生的事；对各种各样的事情有兴趣。<br>●求知欲强；会玩简单的拼图。<br>●认识 6 种以上几何图形，能将圆形一切为二或一切为四。 |
|---|---|
| 运动发育 | ●会骑车；能单脚跳。<br>●会跨越障碍，能跑很快；精细动作也有所发展。 |
| 语言能力发育 | ●掌握了母语口语的表达。<br>●会猜谜，背儿歌，会介绍自己及父母。 |
| 情感发育 | ●喜欢帮忙，开始会为他人着想；会日常礼貌用语。<br>●变得慷慨，喜欢和小朋友分享自己的东西。 |
| 习惯养成 | ●吃饭前会摆餐桌；会自己穿衣服。<br>●能够分清左右；会自己洗简单的东西。 |

# 0~3岁宝宝体格发育指标

 男童

| 年龄 | 体重（千克） | 身长（厘米） | 头围（厘米） | 胸围（厘米） |
|------|------|------|------|------|
| 1 月龄 | 5.11±0.65 | 56.8±2.4 | 38.0±1.3 | 37.5±1.9 |
| 2 月龄 | 6.27±0.73 | 60.5±2.3 | 39.7±1.3 | 39.9±1.9 |
| 3 月龄 | 7.17±0.78 | 63.3±2.2 | 41.2±1.4 | 41.5±1.9 |
| 4 月龄 | 7.76±0.86 | 65.7±2.3 | 42.2±1.3 | 42.4±2.0 |
| 5 月龄 | 8.32±0.95 | 67.8±2.4 | 43.3±1.3 | 43.3±2.1 |
| 6 月龄 | 8.75±1.03 | 69.8±2.6 | 44.2±1.4 | 43.9±2.1 |
| 8 月龄 | 9.35±1.04 | 72.6±2.6 | 45.3±1.3 | 44.9±2.0 |
| 10 月龄 | 9.92±1.09 | 75.5±2.6 | 46.1±1.3 | 45.7±2.0 |
| 12 月龄 | 10.49±1.15 | 78.3±2.9 | 46.8±1.3 | 46.6±2.0 |
| 15 月龄 | 11.04±1.23 | 81.4±3.2 | 47.3±1.3 | 47.3±2.0 |
| 18 月龄 | 11.65±1.31 | 84.0±3.2 | 47.8±1.3 | 48.1±2.0 |
| 21 月龄 | 12.39±1.39 | 87.3±3.5 | 48.3±1.3 | 48.9±2.0 |
| 2 岁 | 13.19±1.48 | 91.2±3.8 | 48.7±1.4 | 49.6±2.1 |
| 2.5 岁 | 14.28±1.64 | 95.4±3.9 | 49.3±1.3 | 50.7±2.2 |
| 3 岁 | 15.31±1.75 | 98.9±3.8 | 49.8±1.3 | 51.5±2.3 |

**女童**

| 年龄 | 体重（千克） | 身长（厘米） | 头围（厘米） | 胸围（厘米） |
|------|------------|------------|------------|------------|
| 1 月龄 | 4.73±0.58 | 55.6±2.2 | 37.2±1.3 | 36.6±1.8 |
| 2 月龄 | 5.75±0.68 | 59.1±2.3 | 38.8±1.2 | 38.8±1.8 |
| 3 月龄 | 6.56±0.73 | 62.0±2.1 | 40.2±1.3 | 40.3±1.9 |
| 4 月龄 | 7.16±0.78 | 64.2±2.2 | 41.2±1.2 | 41.4±2.0 |
| 5 月龄 | 7.65±0.84 | 66.2±2.3 | 42.8±1.8 | 42.1±2.0 |
| 6 月龄 | 8.13±0.93 | 68.1±2.4 | 43.1±1.3 | 42.9±2.1 |
| 8 月龄 | 8.74±0.99 | 71.1±2.6 | 44.1±1.3 | 43.9±1.9 |
| 10 月龄 | 9.28±1.01 | 73.8±2.8 | 44.9±1.3 | 44.6±2.0 |
| 12 月龄 | 9.80±1.05 | 76.8±2.8 | 45.5±1.3 | 45.4±1.9 |
| 15 月龄 | 10.43±1.14 | 80.2±3.0 | 46.2±1.4 | 46.2±2. |
| 18 月龄 | 11.01±1.18 | 82.9±3.1 | 46.7±1.3 | 47.0±2.0 |
| 21 月龄 | 11.77±1.30 | 86.0±3.3 | 47.2±1.4 | 47.8±2.0 |
| 2 岁 | 12.60±1.48 | 89.9±3.8 | 47.6±1.4 | 48.5±2.1 |
| 2.5 岁 | 13.73±1.63 | 94.3±3.8 | 48.3±1.3 | 49.6±2.2 |
| 3 岁 | 14.80±1.69 | 97.6±3.8 | 48.8±1.3 | 50.5±2.2 |

备注：此数据为 2005 年九市城区 7 岁以下儿童体格发育测量值。自 1975 年开始，我国每 10 年在北京、哈尔滨等九个城市进行一次儿童体格发育调查，目前已经进行了 4 次。下一次儿童体格发育调查时间为 2015 年。

## 不同阶段宝宝身长增长情况

身长是指头、躯干、下肢三者长度的总和，三者比例在宝宝不同阶段不一样。出生时宝宝平均身长为 50 厘米左右。第 1 年身长增长得最快，1～6 个月时每月平均增长 2.5 厘米，7～12 个月每月平均增长 1.5 厘米，周岁时比出生时增长 25 厘米，大约是出生时身长的 1.5 倍。出生后第二年，宝宝身长增长速度开始变慢，全年仅增长 10～12 厘米。

## 关于矮小儿童

在排除遗传因素的基础上，如果您的孩子身高在均值减 2 个标准差以下，那么就可能患有矮小症。

例如：1 个 5 周岁的男孩，身高 102 厘米，根据 5 周岁城市男童的身高，均值为 113.1 厘米 ±4.4，2 个标准差为 8.8，113.1—8.8=104.3，那么该男孩就应列入矮个儿童，家长需要找医生进行管理或干预。

## 儿童贫血

据 2012 年 5 月 31 日发布的《中国 0-6 岁儿童营养发展报告（2012）》，2 岁以下儿童贫血问题突出。轻度的贫血症状可以通过仔细观察找到一些迹象：

- 注意力很难集中；

- 反应比其他同龄宝宝慢；

- 皮肤颜色不对，呈苍白或蜡黄，头发颜色黄并且发量稀少；

- 不爱活动，容易困之；

· 没有胃口。

如果发现有上述症状，需要去医院做进一步的化验。轻微的贫血通过加强饮食，很快就能改善：

· 吃母乳的婴儿，除了继续母乳喂养之外，应该食用含铁量高的辅食。

· 多吃蛋黄、瘦肉、菠菜、动物肝脏，此类食物中含有丰富的铁元素。

· 多吃深绿色蔬菜，补充叶酸及维生素 B。

· 多吃富含维生素 C 的水果，如柑橘等。

· 及时添加辅食。

您的宝宝超重吗？

儿童标准体重的计算公式，可检测你的宝宝是否超重（单位：千克）：

1～6 个月儿童标准体重（千克）＝出生体重（千克）＋月龄 ×0.6

7～12 个月儿童标准体重（千克）＝出生体重（千克）＋月龄 ×0.5

1 岁以上儿童标准体重（千克）＝年龄 ×2+8

根据计算得出的标准体重再计算：

（实测体重／标准体重—1）×100%

如果得出的数字超过标准体重的 10%，那么，你的宝宝就比其他宝宝超重了；如果得出的数字超过标准体重的 20%，那说明你的宝宝已经进入肥胖宝宝的行列，这时候你就要采取措施了。

# 0~3岁宝宝健康养育重点及异常信号

## 新生儿

| 养育重点 | |
|---|---|
| 养育重点 | 创造安静的睡眠环境，保证宝宝充足的睡眠 |
| | 精心呵护小肚脐，防止感染发脓 |
| | 注意观察宝宝的大小便，及时发现异常现象 |
| | 勤做抚触，给予宝宝充足的皮肤接触，建立宝宝安全感 |
| | 温和地与宝宝说话，向宝宝介绍这个新奇的世界 |
| | 面对宝宝时，表情要温柔可亲，逗乐宝宝 |
| | 勤洗澡，保持宝宝皮肤清洁 |
| 异常信号 | 听到突然发出的巨大声音不会感到吃惊，或者对妈妈的声音没有反应，有可能听力有问题，要及时带宝宝去医院筛查 |

Tips：

若想新生宝宝健康成长，摄入充足的营养，就要尽量母乳喂养。妈妈自己喂哺婴儿，不仅给孩子提供了最优质理想的食物，也是母婴沟通、增进感情的最好时机。不过，一定要按照宝宝的需要来哺乳，并采用适宜的哺乳技巧。

如果宝宝每隔3小时就想吃奶，每次吃10分钟左右就自动松开奶头，睡着了或抬头看四周，这说明母乳充足。如果宝宝老是吸吮着乳头不放，吃完奶一会又想吃，体重增加很少，就应考虑母乳不足。

母乳不足的妈妈要有信心，分娩后1～2个星期尚未真正下奶前，千万不要误认为自己没有奶而放弃母乳喂养。在这关键时刻，只要坚持就会成功。妈妈要放松，多休息，多喝点营养丰富的汤。

## 1～3个月

| 月龄 | 养育重点 | 异常信号 |
|---|---|---|
| 1～2个月 | 勤换尿布，擦洗屁股，防止发生尿布疹 | 仰卧抱起时不会抬头 |
| | 注意观察宝宝哭声有无异常现象 | |
| | 培养宝宝规律性的生活习惯 | |
| | 每天坚持练习俯卧抬头2～3次，每次15分钟左右 | 身体过度绵软或者僵硬 |
| | 逗引宝宝发笑、咿咿呀呀说话 | |
| | 坚持户外活动，进行空气浴、日光浴、水浴锻炼 | 将宝宝横着抱在臂弯，后背和脖子过度后仰 |
| | 坚持母乳喂养，防止宝宝肥胖 | |
| 3个月 | 让宝宝多看、多听、多抚触，丰富宝宝感官学习内容 | 当宝宝安静时，对任何声音都没有反应 |
| | 加强宝宝手部抓握等精细动作能力的锻炼，以及增加大小肌肉运动能力训练 | |
| | 培养宝宝视听和社交能力 | 当摇晃摇铃等发声玩具时，没有兴奋或者高兴的反应 |
| | 建立良好睡眠习惯，防止宝宝昼夜颠倒 | |
| | 经常给宝宝洗头洗澡，保持皮肤清洁 | |
| | 正确对待宝宝生理性腹泻，避免宝宝腹部受凉 | 无法逗乐宝宝 |

Tips：1～3个月宝宝游戏训练

◆ 在小床边悬挂色彩艳丽、可动、会响的玩具2～3个，促进婴儿视、听能力。

◆ 在宝宝俯卧的时候，将一个彩色的玩具向上拉过他的视野，让他的眼睛和头部追随着运动。

◆ 用不同质地的物品摩擦他的手，但质地不能太粗糙、太硬，不可太用力。

## 4~6个月

| 月龄 | 养育重点 | 异常信号 |
|---|---|---|
| 4个月 | 逐渐为宝宝添加米糊、蛋黄、水果泥、菜汁等辅食 | 找不到声音来源，平时也不咿咿呀呀自语学话 |
| | 训练宝宝扶坐、扶站、扶蹦等能力，着重联系宝宝抓握悬挂玩具 | |
| | 加强看护以免宝宝摔伤，注意多带宝宝去户外活动，创造舒适多彩的生活环境 | 不会握物 |
| | 培养宝宝规律作息习惯 | |
| 5个月 | 加强看护，防止宝宝从床上摔下来，多抱宝宝起来玩耍，便于其观察周围环境 | 宝宝仰卧时，有强直性颈部反射（仰卧状态时，若宝宝头转向一侧，这侧的手臂和腿就会伸直，另一侧手臂和腿则会弯曲起来，呈"击剑姿势"） |
| | 耐心逐一帮助宝宝适应接受新事物 | |
| | 坚持每天给宝宝做亲子抚触按摩，增强宝宝免疫力，少去人流密集地，预防疾病 | |
| | 训练宝宝抓握能力，逗引宝宝发音 | |
| | 正确对待宝宝流口水现象 | |
| 6个月 | 训练宝宝自己抓握汤勺进食能力 | 颈斜 |
| | 训练宝宝翻身、独坐、匍行能力，多扶宝宝做跳跃运动，加强训练宝宝对敲、摆弄玩具和撕纸等动作 | 处于坐位时前垂后仰，有支撑仍不能独坐 |
| | 注意训练宝宝的味觉和嗅觉 | 俯卧时不会抬头、挺胸 |
| | 正确对待宝宝安慰物 | |
| | 进一步强化宝宝发音练习，为说话打下基础 | 不会自言自语，生气也不哭闹叫嚷，大人给他说话不会回应 |
| | 多和宝宝玩躲猫猫、找玩具游戏，训练宝宝记忆力 | 双手仍然紧握，不能伸开 |

| 月龄 | 养育重点 | 异常信号 |
|------|---------|---------|
| 7 个月 | 逐步培养宝宝坐便盆习惯 | 大人拉坐时，不会抬头挺胸 |
| | 鼓励表扬宝宝模仿行为，提高宝宝语言理解能力 | |
| | 陪宝宝多玩拨弄串珠、积木换手、照镜子游戏 | 不会主动伸手抓握东西送进嘴里 |
| | 训练宝宝爬行能力，并要注意提升宝宝手眼协调和认知能力 | |
| | 逐渐纠正宝宝怕生行为 | 双腿无力，扶腋时不会蹦跳 |
| | 注意保持宝宝口腔清洁 | |
| | 合理科学添加辅食，预防宝宝贫血；不勉强宝宝进食；让宝宝养成自己坐起来吃饭习惯 | |
| 8 个月 | 加强宝宝爬行和站立训练，发展手部精细动作和手眼协调能力 | 不会抓握一块积木并注视另外一块 |
| | 鼓励宝宝发音，多和其说话 | |
| | 多带宝宝和其他人接触，促进宝宝社交行为 | 对大人表情没有回应 |
| | 养成宝宝按时排便习惯，提醒宝宝不乱摸乱捅小孔等危险地方 | |
| | 增加辅食品种，为断奶做准备 | 自己不能双手扶物站立 |
| | 养成宝宝在固定餐位、用自己餐具定时吃饭习惯 | |

Tips: 　　　此阶段亲子对话要增多，常跟孩子讲话，放慢语速，吐字清晰，并用动作，表情和手势来辅助表达你的意思。给他念儿歌，常给他听音乐，教他发音，所有的语言、动作要和物品、玩具联系起来。这可以帮助宝宝积累大量词汇。

| 月龄 | 养育重点 | 异常信号 |
|---|---|---|
| 9个月 | 继续加强宝宝爬行和站立练习，训练宝宝扶物站立及扶走能力 | 经过训练，仍然不会翻身、独坐 |
| | 训练宝宝拇食指对捏等精细动作 | 不会主动发出声音吸引大人注意，不会表示"不要""欢迎""再见""谢谢"等意思 |
| | 多和宝宝交流，鼓励宝宝发音 | 不会无意识发出"baba""mama"等音， |
| | 注意辅食营养，多晒太阳，防止宝宝偏食缺钙 | 对妈妈及亲近照顾者没有特别感情 |
| 10个月 | 实施逐步断奶计划，培养宝宝对辅食和奶粉兴趣 | 听到自己名字无反应，呼呼呀呀学说话时发音单调 |
| | 养成宝宝规律的生活习惯和动手能力 | |
| | 继续加强宝宝独站和爬行能力，通过反复练习二指捏动作，促进手眼脑协调发展，进一步提升宝宝说话能力 | 双手扶物不能站立，爬行不懂得避开障碍物 |
| | 坚持每天给宝宝介绍日常生活用品，提升宝宝认知能力 | 不会和大人玩躲猫猫游戏 |
| | 继续教宝宝认识身体各部位 | 照镜子无反应 |
| | 勤于宝宝沟通，教宝宝说话 | |

Tips：

　　孩子会爬了，活动的范围扩大，为了安全起见，家里的家具若有尖锐的角应用布包起来；孩子伸手碰得到的地方，不要放热的东西；电线不要伸出过长。总之，要消除屋里的一切不安全因素。

| 月龄 | 养育重点 | 异常信号 |
|---|---|---|
| 11个月 | 继续训练宝宝爬行、独站能力，在保证安全前提下，尽可能拓宽宝宝活动范围 | 不会爬行，不能独站片刻 |
| | 提高宝宝语言表达能力，给宝宝听音乐、念儿歌和讲故事 | 不会模仿大人简单动作 |
| | 注意环境卫生，少去人流密集地，预防传染病 | |
| | 坚持向宝宝解释发生的事情，提升宝宝的认知能力 | 不会把玩具从一只手放到另外一只手上去 |
| | 合理安排宝宝饮食，增强宝宝抵抗力 | 不懂得大人的表情 |
| 12个月 | 训练独站和爬行能力，协助宝宝学步 | 不会发出不同连续的声音 |
| | 通过盖瓶盖、捏小丸、握笔画道等训练，进一步促进宝宝精细动作发展 | 不会协调爬行，拇食指不会对捏取物 |
| | 教宝宝指认五官，用动作表示配合或表达愿望，提高宝宝对语言的理解能力 | |
| | 少吃零食，注意宝宝膳食的营养搭配，避免强迫宝宝吃饭 | 不会用动作或表情向大人表达自己的意愿 |

Tips:

这一阶段的宝宝一日三餐都可以和大人一起吃。不过吃的东西要弄得碎和小一点，味道清淡一点。两餐之间可以给他吃点点心或牛奶，但要注意糖和黏性大的食物不要吃，一来容易蛀牙，二来容易堵住宝宝的喉咙引起窒息。

如果孩子不肯好好吃饭，边吃边玩，妈妈可以抱孩子坐在自己的膝盖上，面向饭桌，从后面把住孩子的手，用勺把吃的东西送入孩子口中，这样孩子就可以更好地进餐。或者就让孩子彻底饿一下，肚子饿了自然就有食欲了。

| 月龄 | 养育重点 | 异常信号 |
|------|----------|----------|
| 13～15月 | 训练宝宝独走和跑步动作，让宝宝多方向爬行和转身，锻炼宝宝转向能力 | 不明白"谢谢""再见""不"等常用词含义，也不会用动作表示 |
| | 通过搭积木、倒豆捡豆、玩插片等游戏训练宝宝手眼脑协调能力 | |
| | 训练宝宝自己拿水杯喝水、拿勺吃饭能力 | 不会说1～3个词，不能正确指认2～3个常见物品 |
| | 模仿小动物叫，鼓励宝宝主动说话 | |
| | 平衡宝宝膳食，多样搭配，避免宝宝积食和上火 | 不能分辨出大人喜怒等明显情绪 |
| | 培养宝宝按时睡觉、吃饭、大小便习惯 | |
| 16～18月 | 训练宝宝走以及扔、捡东西等动作能力；学习分类、比较大小等知识 | 不会独站，学走几个月后人不能独立行走 |
| | 通过搭积木、模仿画道、套环等游戏，训练宝宝手眼脑协调发展 | 不能指认自己五官和5个以上常见物品 |
| | 坚持洗浴，教宝宝学脱袜子等，鼓励宝宝做些家务 | 不会叫爸爸妈妈 |
| | 养成良好饮食习惯，多吃青菜水果，防止宝宝偏食 | 说不出5个以上的词，不理解日常用语含义 |
| | 注意保护宝宝安全，防止意外发生 | |
| 19～21月 | 通过串珠、握笔画道、搭积木等游戏训练宝宝手指灵活性 | 不会用语言或者动作表达自己需要 |
| | 强化宝宝语言能力，扩大宝宝词汇量 | 听不懂大人的简单指令 |
| | 锻炼宝宝自主能力，养成规律的生活习惯 | 不会模仿擦桌子、喝水、给布娃娃梳头等简单动作 |
| | 控制宝宝零食，少喝或不喝饮料，防止宝宝偏食、挑食，预防肥胖 | 不知道冷热 |
| | 预防意外伤害，注意保护宝宝安全 | |
| 22～24月 | 训练宝宝跑、跳、抛、扔、攀爬、平衡、上下楼梯等动作 | 每年身高增长不到5厘米，体重增长缓慢 |
| | 通过捏、握、挤、搭、折、撕、穿等训练，提高宝宝精细动作能力 | 不会跑步和跳跃，大小便没有表示 |
| | 有意识扩大宝宝人际交往圈，学会打招呼 | 不明白常见物品功能，比如勺子用来吃饭，杯子用来喝水等 |
| | 养成良好生活习惯，会主动表示大小意愿 | |
| | 营养科学搭配膳食，少吃高脂高糖等不健康食物 | 不会说两个字组成的词 |

| 月龄 | 养育重点 | 异常信号 |
|---|---|---|
| 25～30月 | 教宝宝自己吃饭穿衣，培养宝宝独立能力 | 说出来的话无人听懂，也听不懂大人简单指令 |
| | 多鼓励宝宝和其他小朋友一块玩，学习分享和协作能力 | |
| | 鼓励宝宝多跑、跳、滑滑梯、荡秋千、独脚站立等能力 | 不会使用2～3个字组成的短语，比如"要喝水""吃饭"等 |
| | 教宝宝复述故事、儿歌，说完整句子，学会自我介绍 | |
| | 鼓励宝宝涂鸦、自由搭建积木等，保护和激发宝宝想象力和创造力 | 捏不起来细小物体，不会串珠 |
| | 培养宝宝归纳、概括、比较等抽象能力 | |
| 31～36月 | 鼓励宝宝接球、踢球、玩沙、攀爬等，促进宝宝大运动能力发展 | 走路不稳，经常摔跤；不会上下楼梯 |
| | 教宝宝串珠、剪纸、折纸、脱穿衣服，锻炼宝宝精细动作 | 经常流口水，吃手指头 |
| | 注意教宝宝礼貌用语及交往技巧，培养宝宝生活自理能力，做好入托心理准备 | 不会说简单句子，不会提问，听不懂两个步骤的指令，如"给妈妈拿那根香蕉吃" |
| | 看图讲故事，提问宝宝，养成阅读习惯 | |
| | 培养宝宝性别意识，遵守一定行为规则 | 分不清左右 |

Tips：

孩子在三岁时应当去正规专业医院进行一次详细的视力检查。我国大约有3%的儿童发生弱视，孩子自己和家长不会发觉。如果在3岁时能发现，4岁之前治疗效果最好，5～6岁岁仍能治疗，12岁以上就不可能治愈。视力检查可以发现两眼视力是否相等，发现异常，要及时治疗，使视觉尽早恢复。

# 宝宝四季饮食指导

春、夏、秋、冬四季的气候变化各异，上市的蔬菜、水果种类不同，因此宝宝的四季饮食也应有所不同。

## 宝宝春季饮食指导

春来大地，万物复苏，生机蓬勃，是人体生理机能、新陈代谢最活跃的时期。但早春季节天气潮湿，乍暖还寒，天气很不稳定。因而宝宝适时地调整饮食，对自身应对多变的天气是有百利而无一害的。

### 一．宝宝春季饮食注意事项

中医认为，春天是阳气生发的季节，所以宝宝应该顺应天时的变化，通过饮食调养阳气以保持自身身体的健康和成长发育，总的饮食注意事项为：

❶ 主食中选择高热量的食物

为了确保宝宝健康发育，因而在饮食中必须含有较多热量的食物，比如米面杂粮等谷类制品，或者豆类、芝麻酱、核桃等食物。

❷ 保证充足的优质蛋白质

春寒会加速体内蛋白质的分解，导致宝宝抵抗力下降，因此，还必须补充含优质蛋白质的食物如牛奶、蛋、肉、鱼、虾、豆制品等，并要注意动物性蛋白质和植物性蛋白质的互补。

❸ 保证充足的维生素

春季又是天气由冷转暖的季节，天气变化快，病菌滋生，容易侵入机体造成疾病，因此需摄入较多的维生素和矿物质，特别是富含维生素C、维生素D较多的食物，如西红柿、胡萝卜、青椒等新鲜蔬菜，动物肝脏等，以便增强体质，抵御疾病。

## 二．宝宝春季饮食禁忌

❶ 不宜过量进食高脂肪食物

大量医学研究证明，若长期食用高脂肪的食物，会增加宝宝罹患生殖系统肿瘤的危险，十分不利于健康。

❷ 不宜过量进食高蛋白食物

营养专家建议，宝宝每日蛋白质的需要量应达 90 ～ 100 克。但若过量进食高蛋白食物，会导致体内营养失衡，容易引起腹胀、食欲减退、头晕、疲倦等现象，还会增加肾脏负担，诱发癌征。

❸ 不宜过量进食高糖食物

有关医学研究证明，宝宝摄入过多的糖分，会大大降低自身免疫力，易受细菌、病毒感染。

❹ 不宜过量进食高钙食物

营养专家建议，若宝宝补钙过量，有可能患上高血钙症，导致囟门过早关闭、颚骨变宽而突出、鼻梁前倾、主动脉窄缩等，不利于生长发育。

❺ 不宜摄入过多盐分

营养专家建议，宝宝每日食盐摄入量应控制在 3 克左右。根据大量医学研究证明，食盐量与高血压发病率有一定关系，食盐摄入越多，发病率越高宝宝若摄盐过量，容易导致浮肿、头痛、眼花、胸闷、晕眩等，严重影响发育。

**❻ 不宜过度食用酸性食物**

如果宝宝摄入过量的酸性食物，可能会影响身体健康发育。

**❼ 不宜服用温热补品**

宝宝新陈代谢快，血液循环流量大大增加，因而心脏负担加重，若服用人参、鹿茸、桂圆、荔枝等温热性的补药、补品，容易导致机体阴虚阳亢、气机失调、气盛阴耗、血热妄行，就会出现呕吐、水肿、便秘等症状。

**❽ 不宜食用霉变食物**

宝宝抵抗力大大下降，若误食霉变食物，会严重影响其生长发育，并会诱发癌症。

**❾ 不宜长期素食**

宝宝若长期素食，蛋白质、脂肪摄入不足，会严重影响宝宝智力发育，并容易导致宝宝营养不良、体重过低、抵抗力下降。另外，也容易出现贫血、水肿和高血压等症。

**❿ 不宜喝刺激性饮料**

宝宝喝刺激性饮料会对自身产生极其不利的影响，如酒精对宝宝有毒害作用，不仅会导致宝宝发育缓慢，还可造成某些器官发生畸形；浓茶会影响宝宝对蛋白质、铁、维生素等营养元素的吸收利用，导致营养不良，影响发育，也易患有便秘、贫血等症。此外，冷饮、凉食可导致宝宝睡眠不安，并容易出现腹痛、腹泻等症状。

## 宝宝夏季饮食指导

因天气炎热，很多宝宝在夏天会食欲欠佳，甚至食不下咽，睡眠相对减少，导致体重大大减轻。同时，夏天还是腹泻最常发生的季节，宝宝的抵抗力原本就大大降低，一旦遭受病菌的侵袭，可能就会泻个不停。因而，夏季饮食尤其要格外注意。

### 一. 宝宝夏季饮食注意事项

#### ❶ 饮食要卫生

夏天气温高，湿度大，特别适合细菌生长繁殖，食物极易变质，稍有不慎，就会引起消化道感染。俗话说"病从口入"，因此在夏季尤其要把好"饮食关"。

具体做法是：饭菜一定要新鲜，最好是现做现吃，不要吃剩的食物。瓜果一定要洗净后方可食用，可先用自来水清洗，然后再用消毒液浸泡，最后以冷开水冲干净。制作凉拌菜时，菜刀和砧板一定要生熟分开，蔬菜也必须烫透才吃。

#### ❷ 以苦为补

苦味，在五味中是不受人们欢迎的，且从中药的性味功效来说，凡苦味的药物，都有泻火或通下的作用。苦味从分类来说属于泻药，并没有补益的作用。不过，苦味食物具有泻火清暑的功能，而宝宝到夏季，心火易旺，且又汗多伤津，常吃些苦味的食物，则可以平息心火、减少出汗、保存津液。这就是"以苦为补"的意义所在。

#### ❸ 清淡为主

夏天宝宝饮食应以清淡为主。早餐应该品种丰富，量充足；中午应该荤素兼备，膳食平衡；晚上尽量清淡，不要太油腻，也注意不要进食过多，避免消化不良。

家人还可将菜肴尽量做得色、香、味、形俱全，从而刺激宝宝的食欲。另外，将绿色蔬菜、红萝卜、白萝卜、小黄瓜等，作为凉拌的材料制作菜肴，不但能够补充所需要的维生素，也能极大地增强食欲。

炎炎夏日，宝宝适当吃些清热、解毒、消暑的食品和瓜果，如绿豆、冬瓜、苦瓜、番茄、丝瓜、西瓜等，可有效舒缓夏季炎热之苦。

## 二. 宝宝夏季饮食禁忌

### ❶ 不过量食用水果

夏季气候炎热，宝宝食欲大大下降，家长又担心其营养缺失，于是每天让宝宝摄入大量水果度日，无形中就加大了宝宝糖分的摄入量。所以，虽然水果清爽可口，能清热解暑，也要适可而止，不可过量食用。

另外，水果的补充最好在两餐之间，每日最多不超过 100 克，同时应注意选择含糖量较低的水果，或以蔬菜代替，千万不要过量食用西瓜等高糖分水果。

### ❷ 不吃外卖熟食和冷熏类食物

热狗、火腿、酱肉、香肠等熟食以及冷熏食物，虽然食用方便，但最容易繁殖细菌，宝宝一旦受到感染，就会出现呕吐、腹泻等症状。

### ❸ 不要喝未经高温消毒的饮料

不要随便在街上购买商贩自酿的果汁和饮料，这类饮料未经高温消毒，很可能含有大肠杆菌等细菌，不利于宝宝健康。

**❹ 避免生吃蔬菜**

宝宝不要吃生的苜蓿芽、萝卜芽、绿豆芽、生菜等蔬菜，其很可能包含大量细菌，不利于身体健康。

## 宝宝秋季饮食指导

秋季空气干燥，气温逐渐转冷，此时宝宝的食欲会大大提高，在此季节为宝宝安排饮食应注意膳食平衡，即营养素种类和数量的搭配平衡，每日饮食中安排一定量的主食、动物肉类、豆制品、蔬菜、水果等。另外，还要注意一些饮食宜忌。

### 一．宝宝秋季饮食注意事项

**❶ 适量吃些应季水果**

秋季是水果丰收的季节，含有丰富的营养，对于改善宝宝的抵抗力很有好处。比如说，葡萄和鲜枣能够帮助补铁，梨和柿子能预防咳嗽和咽炎，橙子和橘子有利于预防感冒。因而宝宝要适当吃些水果，并尽可能地少吃营养价值低的零食和冷饮。不过，西瓜、甜瓜等反季节水果，要少吃为好。

**❷ 多吃滋润黏膜的食物**

秋季气候干燥，宝宝容易患有嗓子不适和咳嗽之类的疾病，所以可以多吃些有利于滋润呼吸道黏膜的食物。比如富含维生素的食物，如各种深绿色的蔬菜、萝卜、藕、山药、百合、芋芬、南瓜、胡萝卜、酸奶、鸭子等，能够提高身体的抵抗力，有利于保护宝宝的呼吸道，减少肺炎、气管炎、咽炎等发病几率。

❸ 适当增加高蛋白的食物

经过酷暑，宝宝低落的食欲逐渐恢复，消化吸收能力增强，身体需要补充夏季损失的营养，为抵抗冬季的寒冷作好准备。民间有"贴秋膘"的习俗，在秋季来临之后吃点肉，就是这个道理。因而可以给宝宝适当吃点牛肉、鸡肉、鸭肉、鱼虾等，但应用蒸、煮、炖等方法烹饪，以避免太过油腻和干燥。

❸ 秋季可吃些南瓜

秋季可是个让宝宝吃南瓜的好时节。

改善秋燥。当宝宝受到秋燥的侵袭时，会出现不同程度的嘴唇干裂、流鼻血、皮肤干燥、便秘、内热较重等症状，而秋季又是感冒高发期，每到此时家长都很揪心。

在秋天，要想除秋燥，并提高宝宝免疫力，就必须补充足够的维生素 A、维生素 E 类食物，而南瓜本身含有丰富的维生素 E 和 β - 胡萝卜素，β - 胡萝卜素在经过人体吸收后会转化维生素 A。

补血。清代名医陈修国曾说过："南瓜为补血之妙品。"而经现代科学研究，常吃南瓜不仅可以使大便通畅，还能起到美肤的作用。

二．宝宝秋季饮食禁忌

❶ 不吃冷藏食物

宝宝最好不要食用放在冰箱里冷藏的食物，或放在冷水里浸泡的食物。因为随着气温降低，宝宝若继续食用冷食，容易发生胃疼、腹泻甚至痢疾等肠胃疾病。

**❷ 不吃辛辣、干硬、油炸等食物**

辣椒等过于辛辣的食物，炒得很干的花生、瓜子，薯片以及油炸食物等，宝宝尽量不要吃，因为它们对黏膜刺激很大，不利于健康。

**❸ 不吃水产海鲜食物**

虾、大闸蟹和甲鱼等水产海鲜，不但营养丰富，而且还对身体有一定的进补作用。但是它们容易导致体质过敏，或者腹泻，因此宝宝要慎吃。

**❹ 不盲目进补**

宝宝秋季补身是必要的，但应以温和、清淡为宜，饮食中油腻的食物和肉类要适量，可选用莲藕、银耳等进补，但要少吃狗肉、羊肉。

千万别一味让宝宝贴秋膘，盲目进补，而要适当增加新鲜水果和蔬菜的比例。另外，多喝水、养成定时排便习惯对于缓解便秘大有好处。

## 宝宝冬季饮食指导

冬季气候寒冷，人体受寒冷天气的影响，生理和食欲均会发生变化。因此，合理地调整饮食，保证人体必需营养素的充足，对提高宝宝的机体免疫功能是十分必要的。

### 一．宝宝冬季饮食注意事项

**❶ 增加热量和蛋白质的供应**

宝宝冬季的营养应以增加热量为主，可适当多摄入富含糖类和脂肪的食物，以抵御严寒。同时还应摄入充足的蛋白质，如瘦肉、鸡蛋、鱼、乳制品、豆类及豆制品等。

这些食物所含的蛋白质不仅便于人体消化吸收，而且富含氨基酸，营养价值较高，可增强人体耐寒和抗病能力。

### ❷ 补充维生素

冬季是蔬菜的淡季，蔬菜的数量既少而且品种也比较单调，尤其是在我国北方。冬季过后，人体容易缺乏维生素。

另外，寒冷气候会使人体氧化功能加快，维生素 $B_1$、维生素 $B_2$ 代谢也明显加快，因而饮食中要注意及时补充。再者，维生素 A 能增强人体的耐寒力，维生素 C 可提高人体对寒冷的适应能力，并且对血管具有良好的保护作用。

因此，在冬天宝宝要多吃富含维生素的食物，如红薯、土豆、白菜、心里美、萝卜、胡萝卜、油菜或黄豆芽等，以补充日常对维生素的需要。

### ❸ 多吃含无机盐的饮食

有医学研究表明，如果体内缺少无机盐就容易产生怕冷的感觉，要想抵御寒冷，建议宝宝要多摄取含根茎的蔬菜，如胡萝卜、土豆、山药、红薯、藕及青菜、大白菜等。这些蔬菜中所含无机盐较多。

## 二．宝宝冬季饮食禁忌

### ❶ 忌吃火锅

涮火锅是冬季人们喜欢的一种饮食方式。但因肉类容易携带弓形虫，短暂的涮烫加热并不能杀死寄生在肉片细胞内的弓形虫幼虫，因而要让宝宝少吃火锅。

❷ 忌吃水煮食物

辛辣的水煮食物能极大地刺激人的食欲，但其很容易使人上火，造成便秘，导致排便时间长、大便呈球状，同时会伴有口臭、目赤、舌苔厚腻、腹中胀痛、手脚心发热、耳鸣、头晕以及容易烦躁、生气等症状，会极大地损伤宝宝的身心健康。

❸ 忌吃生冷食物

冻梨、冻柿子等冬季食物虽然好吃，但宝宝千万不能"贪嘴"。大量的生冷食物突然进入消化道，冷热温差较大，可能会导致宝宝血管痉挛，引起腹痛、腹泻。可见，生冷寒凉的食物是宝宝冬季饮食的大忌。

Tips：让宝宝尽早使用筷子

使用筷子进餐不但是我国的优良传统，而且还是一项极好的提高宝宝智力和体力的运动。

人的各项运动都受神经系统的支配。婴幼儿的神经系统机能是依靠不断的内外刺激作用逐渐发展并完善的。使用筷子进餐，就是对神经系统的一种运动刺激，可协调神经系统的兴奋与抑制，使手臂运动准确而有力。让宝宝每餐都使用筷子，这样能够通过手臂的锻炼，促进大脑的分析、综合机能，使神经系统的活动能力得到提高。

此外，宝宝尽早使用筷子进餐，不但能逐渐掌握使用筷子的技能，使手指活动灵巧而精确，还能使手指握笔有力、下笔准确，为宝宝上学后的写字、绘画打下良好的基础。

# 婴幼儿常见病预防与调理

## 发热

| 表现症状 | 面红耳赤、额头滚烫、头晕目眩、嗜睡。严重时不仅浑身疼痛，甚至导致意识模糊、手脚抽搐。 | |
|---|---|---|
| 易发季节 | 冬春两季 | |
| 日常预防 | 1. 坚持睡前用热水泡脚。<br>2. 每日早晚、餐后用淡盐水漱口，以清除口腔病菌。<br>3. 坚持给宝宝每天冷水浴面。<br>4. 勤锻炼身体，室内多通风。<br>5. 多吃胡萝卜、南瓜、西红柿、洋葱、山楂、红苹果、红枣、沙棘、柿子等"红色食品"。 | |
| 护理要点 | 1. 少穿衣服，给宝宝散热。<br>2. 帮孩子物理降温，如头部冷湿敷、温水擦拭或洗温水浴、酒精擦浴。<br>3. 保持安静，卧床休息。 | |
| 饮食宜忌 | 宜 | 1. 多喝水，多摄取流质食物，保证足够的液体供给。<br>2. 少量多餐，饮食宜清淡，多吃水果、蔬菜、粥等含蛋白质低、容易消化的食物，以免增加宝宝肠胃负担。 |
| | 忌 | 1. 强迫进食。<br>2. 过多摄入肉、奶、蛋类等荤腥食物。 |
| 食疗菜谱 | 拍黄瓜 | 材料：黄瓜150克。<br>调料：蒜末、香油、白醋、酱油、盐、味精各适量。<br>做法：1. 黄瓜洗净，切去头尾，顺长切成两半，剖面朝案板，用刀背拍打至黄瓜脆裂，斜刀切成块。<br>2. 将切好的黄瓜块放入碗中，滴入白醋，加入盐拌匀后捞出控水，放在盘内。<br>3. 将蒜末、香油、酱油、味精调成味汁，浇在黄瓜上，拌匀即可。<br>功效：清爽可口，可清热解毒、生津止渴。 |

感冒

| 表现症状 | 普通感冒 | 多半为咳嗽；流鼻水；喉咙痛；轻微发烧；小婴儿因为还不会表达，可能会有烦躁、哭闹与食欲不佳的表现。 |
| | 流行性感冒 | 属于流感病毒感染；与普通感冒最大的不同主要在于其发病较急，患儿短时间内很快就出现不舒服、全身酸痛、高烧、怕冷、头痛等症状，有时候也会有腹痛或腹泻现象，而后期还会有干咳、鼻塞、流鼻水等症状，并且容易并发肺炎、支气管炎与中耳炎等较严重的疾病。 |
| 易发季节 | 普通感冒四季都可能发生 | 流行性感冒则容易在冬春两季发生 |
| 日常预防 | 1. 可以在每年十月份注射流感疫苗。<br>2. 流行感冒高峰期尽量不要带幼儿出入人多且密闭的场所。<br>3. 大人应先洗手才可以抱婴幼儿；并注意勤给婴幼儿洗手，避免手口传播。<br>4. 大人感冒时，应戴口罩，尽量不要接触婴幼儿。<br>5. 毛巾、盥洗工具与饮食器具等，大人要与婴幼儿分开使用。<br>6. 注意锻炼身体。 | |
| 护理要点 | 1. 遵医嘱按时给患儿服用缓解感冒症状的药物。<br>2. 保证充足睡眠，减少患儿活动量。<br>3. 及时物理降温。低热时不必吃退烧药，采用物理降温即可，如用湿毛巾冷敷额头，贴退热贴等都可以。<br>4. 注意居室的通风、清洁、消毒。<br>5. 保证大便通畅。<br>6. 家长要随时注意病情的转变，认真观察是否有并发症发生 | |
| 饮食宜忌 | 宜 | 1. 饮食要清淡，可喝点米汤、粥之类好消化的食物。<br>2. 多喝水，多吃粗纤维食物，如草莓、葡萄、梨、苹果、白菜、西红柿等蔬菜、水果。<br>3. 保证饮食中蛋白质的含量，可以吃瘦肉、鸡肉、鱼肉和各种豆类食物。 |
| | 忌 | 1. 严格限制糖和脂肪含量高的食物。<br>2. 少吃乌梅、杨梅、青梅、橘子等酸涩食物，忌食辛燥、油腻之品。 |

| 食疗菜谱 | 姜葱粥 | 材料：大米 100 克，嫩姜、葱白各适量。调料：米醋少许。<br>做法：1. 大米淘洗干净，入清水中浸泡 1 小时左右；嫩姜切成片，葱白切成小段。<br>2. 大米放入锅里，加清水，放入姜片煮开，再放葱段，一同熬煮成粥。<br>3. 起锅时淋入少许米醋即可。<br>功效：可发汗解表、散寒通阳、健胃理气，用来助治因风寒引起的感冒。 |
| --- | --- | --- |
| | 葱白大蒜汤 | 材料：葱白 500 克，大蒜 250 克。<br>做法：<br>1. 葱白洗净，切成小段；大蒜去皮，切碎。<br>2. 锅内加适量清水，烧开后把葱白、大蒜一起放进去煎煮成汤即可。<br>功效：能发汗散寒，有助治疗以恶寒、头痛、鼻塞流涕等症状为主的风寒感冒。 |

---

Tips：宝宝生病的 6 个征兆

◆ 一是食欲减退。宝宝忽然失去胃口，原因只有一个：我的身体不舒服！常见的消化道疾病、上呼吸道感染、口腔溃疡等都会导致食欲减退。

◆ 二是睡不安稳。睡觉时来回翻身、呻吟，呼吸沉重，或者忽然惊醒哭闹，不停磨牙，那一定是患上了某种疾病。

◆ 三是体重不增或减轻。体重的增长是判断发育是否正常的一个重要指标，

如果体重增长放缓或下降，肯定与疾病有关。

◆ 四是精神状态改变。活泼、好动、精神饱满是宝宝健康的表现；相反，生病时则没有精神，烦躁不安。

◆ 五是脸色不红润。假如脸色苍白没有血色，可能是贫血所致。脸色发黄则要考虑其他疾病的可能。

◆ 六是性格改变。疾病还会影响宝宝的性格。发脾气、生气、哭闹不止，这些都可能是生病的迹象。

咳嗽

| 表现症状 | 嗓子痒、口干，感觉咽喉有异物，或伴有干呕等症状。 | |
|---|---|---|
| 易发季节 | 四季 | |
| 日常预防 | 1．防咳先要防感冒。要注意锻炼身体，提高孩子御"邪"能力，避免外感。<br>2．确保孩子饮食适宜，营养丰富，有着充足的睡眠，居住环境安静，空气清新。<br>3．少去公共场所，少与咳嗽患者接触。<br>4．常食用梨和萝卜，对咳嗽有一定的预防之效。 | |
| 护理要点 | 1．洗澡要慎重，因为洗澡会使血液循环旺盛，容易再次受凉。痰多的孩子还会因为洗澡而增加分泌物。<br>2．及时添减衣物。 | |
| 饮食宜忌 | 宜 | 1．多喝水，饮食宜清淡。<br>2．多吃梨、苹果等水果，以及藕、大白菜、白萝卜、胡萝卜、西红柿等新鲜蔬菜。 |
| | 忌 | 1．冷、酸、辣食物。<br>2．过油、过咸、过甜食物。<br>3．鱼、虾、蟹。<br>4．补品。<br>5．油煎炸食物。 |
| 食疗菜谱 | 冰糖雪梨 | 材料：雪梨 2 个。<br>调料：冰糖少许。<br>做法：<br>1．雪梨洗净，去核切片。<br>2．瓦盅内，加少量清水，放入雪梨、冰糖同熬30 分钟，便可食用。<br>功效：可生津润燥、清热化痰，对急性气管炎和上呼吸道感染的患儿出现的咽喉干、痒、痛，音哑、痰稠等均有良效。 |

中耳炎

| 表现症状 | 症状和感冒很相似，如鼻塞、低热、情绪不稳定、暴躁、容易夜惊、鼻涕稠黄、有青眼圈等，严重者耳朵中则有黄色的脓液流出。 | | |
|---|---|---|---|
| 易发季节 | 四季 | | |
| 日常预防 | 1. 注意休息，保证睡眠时间。<br>2. 注意室内空气流通，保持鼻腔通畅。<br>3. 积极治疗鼻腔疾病，擤鼻涕不能用力和同时压闭两只鼻孔，应交叉单侧擤鼻涕。<br>4. 游泳时给宝宝带上耳塞，游泳后要及时清除其耳内的水分。<br>5. 积极防治感冒。<br>6. 不要常为宝宝清除耳垢。 | | |
| 护理要点 | 1. 保持宝宝情绪稳定，并注意按时服药。<br>2. 多吃粗粮、豆类、核桃、花生、葵花子、芝麻等食物。 | | |
| 饮食宜忌 | 宜 | 1. 急性中耳炎，饮食宜清淡，多食清凉去火的食物，如芥菜、芹菜、蕹菜、荠菜等新鲜蔬菜，雪梨、苹果等水果。<br>2. 慢性中耳炎，可多用健脾补肾的食物，如淮山药、扁豆、苡米、党参、枸杞、杜仲、芡实、核桃、栗子、黑豆、猪羊骨、狗脊骨等。<br>3. 多吃粗粮、豆类、核桃、花生、葵花子、芝麻等含锰的食物。 | |
| | 忌 | 1. 急性中耳炎忌食葱、蒜、虾、蟹，少食蛋类及其他引发毒邪的食物。<br>2. 慢性中耳炎不能过食肥腻、寒凉生冷的食物。 | |
| 食疗菜谱 | 黑白豆粥 | 材料：白扁豆、黑大豆各 50 克，郁李仁 15 克，粳米 250 克。<br>做法：1. 将白扁豆、黑大豆淘洗干净，并浸泡至软；郁李仁去皮研碎。<br>2. 粳米淘洗干净，放入白扁豆、黑大豆一起煮至五成熟，过滤汤水后，上笼蒸熟，稍凉即食。<br>功效：健脾渗湿，可辅助防治化脓性中耳炎。 | |

哮喘

| 表现症状 | 寒喘 | 畏冷怕风，鼻塞头疼，气急喘促；咳嗽多痰，痰稀色白。面色苍白，肢软乏力，食欲不振，汗多等。 |
| | 热喘 | 频繁咳嗽，喘气急促，痰黏色黄，口干渴，汗多，发热，便秘，尿黄等。 |
| 易发季节 | 秋冬两季 | |
| 日常预防 | | 1. 婴儿期（0～1岁）要以母乳喂养为主，添加辅食时，坚持由少到多、由稀到稠、由粗到细及由一种到多种的原则，以便及时发现不耐受或可诱发哮喘的食物。<br>2. 不养带毛宠物。<br>3. 去掉地毯毛垫。<br>4. 居室科学换气。<br>5. 保证室内无烟无尘无味。<br>6. 不要过度装饰房间。<br>7. 杀灭室内蚊、蝇、尘虱、臭虫、蟑螂等虫害。 |
| 护理要点 | | 1. 遵医嘱及时给患儿服用止喘药物。<br>2. 运动前要热身，避免突然吸进冷空气或大量喝冰饮<br>3. 保持环境清洁，减少患儿接触灰尘、花粉、动物毛屑等过敏原机会。 |
| 饮食宜忌 | 宜 | 1. 多吃萝卜、冬瓜、丝瓜、南瓜、西红柿等富含维生素A、维生素C及维生素E的食物。<br>2. 多吃梨、香蕉、柚子等水果。<br>3. 多吃豆类与豆制品等含钙量高的食物。<br>4. 多吃麦芽、紫菜、裙带菜、花生、海带、杏仁、羊肉、豆类等含镁较丰富的食物。<br>5. 大量喝水。 |
| | 忌 | 1. 忌食易诱发哮喘的食物，如牛奶、蛋类、鱼、虾、蟹、辣椒等。<br>2. 忌用胡椒、八角、茴香等刺激性调味品。<br>3. 忌食含香精、色素的汽水和冷饮等。<br>4. 忌食含有高糖、高脂肪和高盐分的食物。<br>5. 慎食冷冻食品。 |

| | | |
|---|---|---|
| 食疗菜谱 | 桂枝茯苓 | 材料：桂枝、厚朴各3克，法夏、苏叶各6克，茯苓、藿香各10克。<br>调料：蜂蜜适量。<br>做法：将上述材料洗净，加适量水煎煮，取浓汁，加蜂蜜适量，分2～3次饮服。<br>功效：可散寒平喘，适用于寒性哮喘。 |
| | 红枣莲米粥 | 材料：大米适量，葶苈子、牛蒡子（大力子）、红枣、莲子各10克。<br>做法：将上述材料洗净，加适量水煎煮取汁，分2～3次饮服，并嚼食红枣、莲米。<br>功效：可清热平喘，适用于热性哮喘。 |

Tips：宝宝为何会哮喘

1. 遗传因素。

许多研究资料表明，家族中患有哮喘的，儿童哮喘的发生率高于其他儿童，并且血缘越近发病率越高。父母是过敏体质的，宝宝患湿疹、荨麻疹及哮喘的可能性就大。

2. 环境因素。

除了遗传因素，外部刺激也是发病的重要原因——

• 尘螨、花粉、真菌、动物绒毛、甲醛、油漆等吸入物会刺激呼吸道引发哮喘；

• 病毒、细菌、衣原体或支原体感染也会导致哮喘；

• 鱼虾、海鲜、蛋、牛奶、香料等食物也会诱发哮喘；

• 气温突然变冷或气压降低时，也容易诱发支气管痉挛，导致哮喘；

• 剧烈运动也会引发体质弱的宝宝哮喘。

便秘

| 表现症状 | 排便次数减少，粪便干燥、坚硬，排便困难和肛门疼痛，有时粪便擦伤肠黏膜或肛门引起出血，而大便表面可带有少量血或黏液，并伴有腹胀及下腹部隐痛、肠鸣及排气多，精神萎靡，食欲不振、乏力、头晕、头痛等。 |
|---|---|
| 易发季节 | 四季 |
| 日常预防 | 1. 保证充足的睡眠。<br>2. 少量多餐，多多活动。<br>3. 多喝水，少吃零食，均衡膳食。<br>4. 室内温度、湿度要适宜。<br>5. 养成按时排便的习惯，加强排便反射形成。 |
| 护理要点 | 1. 借助药物如开塞露、甘油栓等帮助宝宝通便。但因婴幼儿的胃肠功能发育还不太完善，药物通便容易伤害宝宝身体，甚至会引起严重的腹泻问题，所以妈妈们最好少用。<br>2. 给宝宝做做按摩。方法如下：让宝宝仰着躺在床上，妈妈用右手掌根部按摩宝宝的腹部，按照右上腹—右下腹、左下腹—左上腹的方向边揉边推。但要注意手法不要过重，每次持续 10 分钟，每天做 2 ～ 3 次即可。<br>3. 饭后 1 小时按摩宝宝穴位。足三里穴：让宝宝坐好，在他膝盖外下方凹陷的部位下 3 寸（约三四横指）的位置就是足三里穴，连续按压该穴位 1 ～ 2 分钟。支沟穴：位于手腕背部横纹上 3 寸处，尺、桡两骨之间，连续按压该穴位 1 ～ 2 分钟。 |
| 饮食宜忌 | 宜 | 1. 多吃蔬菜和水果。<br>2. 木耳、菇类、燕麦片、海苔、海带等，也都含有丰富的纤维素和矿物质，可有效防止便秘。 |
| | 忌 | 1. 大葱、辣椒、胡椒、芥末、酒、咖喱等辛辣食物。<br>2. 炸鸡蛋、炸丸子、薯条、薯片等油炸食物。<br>3. 荔枝、芒果、桂圆等热性水果。<br>4. 人参、甲鱼等补品。<br>5. 羊肉、狗肉等温热肉类。<br>6. 冷饮冰品。<br>7. 巧克力、薯片等零食。 |

| | | |
|---|---|---|
| 食疗菜谱 | 苹果鲜藕汁 | 材料：苹果 1 个，莲藕 50 克，红薯 100 克。<br>调料：蜂蜜适量。<br>做法：1. 苹果洗净，去皮、核，切块；莲藕洗净，去皮，切片；红薯去皮，洗净，切块。2. 将藕片、苹果块、红薯块放入电压力锅中，倒入适量开水，煮 8 分钟即可盛出，放凉后淋少许蜂蜜即可。<br>功效：生津止渴、润肺除烦、健脾益胃、养心益气、润肠通便。 |

Tips：宝宝便秘的 5 个原因

◆ 1. 饮食不合理。宝宝吃得太少，或者过于精细，纤维素的摄入量不足，对肠壁的刺激作用不够就会便秘。

◆ 2. 排便不规律。要给宝宝培养定时排便的好习惯。如果因为玩或其他事情耽误了排便，大便堆积在肠内，水分被逐渐吸收，大便就会变得干燥不易排出。

◆ 3. 活动过少。适当的运动能使胃肠蠕动加快。每天保持一定活动量的宝宝就不容易发生便秘。

◆ 4. 宝宝生病了。宝宝生病通常会没有胃口，吃得少喝得少，然后就会发生便秘。这都属于功能性便秘，过一段时间调理后就会改善。

◆ 5. 宝宝心理排斥。有时某些心理因素也会让宝宝抑制排便。比如换了新的生活环境，宝宝不愿意独自待在厕所；或者前次排便时的疼痛让宝宝有了心理障碍。越不愿意解大便，大便越积越粗，排便也越来越困难，这就形成糟糕的恶性循环。

腹泻

| 表现症状 | 早期表现多有发热、咳嗽、流涕等呼吸道症状，之后会出现腹泻，腹泻次数少则数次，多则十次，大便稀薄，呈清水样或蛋花汤样，有时呈白色米汤样，多无特殊腥臭味。严重腹泻可引起脱水、酸中毒及电解质紊乱，促发营养不良，如不及时治疗，可发生低血容量性休克进而危及生命。 |
|---|---|
| 易发季节 | 秋冬两季 |
| 日常预防 | 1．注射轮状病毒疫苗。2．注意饮食卫生。3．避免着凉。<br>4．多锻炼身体，晒太阳。5．尽量少带孩子去公共场所。 |
| 护理要点 | 1．注意补充大量水分，以免患儿脱水。<br>2．症状严重时，要给患儿口服电解液，或住院接受静脉注射。<br>3．及时妥善处理病儿的粪便及呕吐物，照顾者要勤洗手。<br>4．注意患儿腹部保暖。可用热水袋对宝宝腹部进行热敷，也可帮宝宝揉肚子以缓解其疼痛。<br>5．生活用品消毒。患儿用过的东西如奶瓶、汤勺、玩具等要及时洗涤并进行消毒处理，以免反复交叉感染。<br>6．保持患儿肛门清洁。每次大便后都要用温水擦洗干净，要及时更换尿布。 |

| 饮食宜忌 | 宜 | 1．较大婴儿可先暂停饮用牛奶，改吃稀饭、米汤、藕粉、过滤菜水、果汁、胡萝卜汤等清淡食物。<br>2．喝配方奶的婴儿可以稀释配方奶，或更换无乳糖配方奶粉。 |
|---|---|---|
| | 忌 | 1．忌高脂膳食。脂肪不易消化，会增加消化道负担。而且脂肪本身有润肠作用，会使腹泻加重。<br>2．忌辛辣刺激性食物，此类食物会刺激消化道黏膜，导致腹泻加重。<br>3．忌食高纤维食物，高纤维食物会刺激消化道蠕动加快，同时增加粪便体积，使大便次数增多。<br>4．忌高糖食物。纯糖类在肠内容易发酵，会刺激肠管，不提倡多用。 |

| | | |
|---|---|---|
| 食疗菜谱 | 焦米汤 | **材料**：大米适量。<br>**调料**：白糖少许。<br>**做法**：将大米研磨成粉，放入锅中炒至焦黄，再加适量水和少许糖，煮沸成稀糊状即可食用。<br>**功效**：焦米汤易于消化，有较好的吸附、止泻作用，是婴儿腹泻的首选食品。 |
| | 胡萝卜汤 | **材料**：胡萝卜 500 克。<br>**调料**：白糖少许。<br>**做法**：1. 胡萝卜去皮洗净，搓成极细或捣至极碎。<br>2. 将胡萝卜碎末加入适量水煮 4～5 分钟，以细筛过滤后，加入开水 1000 毫升，再加少许糖，倒入瓶中加盖焖 5 分钟，即可食用。<br>**功效**：富含钾盐、维生素、果胶，有使大便成形、吸附细菌的作用。 |

Tips：宝宝腹泻 3 个注意事项

1. 每个婴儿排便习惯不同，一天拉 2～3 次都属正常。大便的形状、颜色和气味与摄入的食物种类有关，但只要每天维持固定的规律，并且没有发热、呕吐、哭闹等异常情况，即使有一天多拉了一两次大便也不必担心。

2. 婴儿生病时也容易发生腹泻，如患感冒、气管炎时容易腹泻。此种情形下不宜多喂，而且必须喂一些易消化的食物。不用服用任何药物，等病情好转之后腹泻也会逐渐好转。

3. 婴儿便秘时随意使用泻药也容易导致腹泻。另外，滥用抗生素会使肠道菌群失调并发腹泻。因此，当婴儿腹泻时不可在家中自行用药，必须经由医生诊断后决定。

# 湿疹

| 表现症状 | 额头、两颊出现脱屑、红疹现象；全身有痒感，抓破皮后渗出物或结痂；病情会随年龄增长延伸到躯干、四肢等部位。另外，可能会合并出现过敏性气喘与过敏性鼻炎等。 |
|---|---|
| 易发季节 | 四季 |
| 日常预防 | 1. 早晚尤其是洗澡后，为宝宝涂抹上专用乳液，避免皮肤干燥。<br>2. 让宝宝穿吸汗、透气性好、纯棉的衣服，避免穿化学纤维的衣料。<br>3. 及时擦去宝宝身上的汗水，并更换衣服。<br>4. 让宝宝保持生活规律，精神愉快，及时治疗胃肠及内分泌疾病。<br>5. 加强锻炼，以便增强宝宝皮肤的抗病能力。 |
| 护理要点 | 1. 遵医嘱及时涂抹药物，不要认为药物有副作用而不就医或自行停药，否则可能会导致更严重的搔抓而造成感染。<br>2. 保持宝宝皮肤清洁，洗澡水不要太热，并要选用无刺激、敏感肌肤专用的宝宝沐浴清洁用品。<br>3. 将宝宝的指甲剪短，以防其抓破皮肤引起感染。<br>4. 减少灰尘等过敏原，注意室内通风、干净，不要放置可能引起过敏的花卉，也不要喷洒杀虫剂、清香剂等化学药物，以免致敏。 |

| 饮食宜忌 | 宜 | 1. 多喝水，饮食宜清淡。<br>2. 多食碱性物质，如新鲜蔬菜、水果等。<br>3. 多食维生素 E 丰富的食物，如芹菜、苋菜、菠菜、枸杞菜、芥菜、金针菇、黑芝麻等。<br>4. 多吃含黏蛋白的骨胶质多的食物，如牛骨汤、排骨汤等。 |
|---|---|---|
| | 忌 | 1. 鱼、虾、蟹、羊肉等发物。<br>2. 辣椒、咖喱、韭菜、蒜苗、芥末等辛辣刺激类调料。<br>3. 油煎、油炸、烧烤食物。<br>4. 人参、鹿茸、海马、肉桂、阿胶、鹿角胶、龟板胶等补品。<br>5. 桂枝、肉桂、附子、干姜等辛热发散药物。 |

| 食疗菜谱 | 红枣芦根汤 | 材料: 红枣10个, 芦根30克, 藿香、茯苓各10克, 乌梅5克, 甘草3克。<br>做法: 将上述材料洗净, 加适量水煎汤服用。<br>功效: 常服用, 有清暑化湿、防皮肤过敏的作用。 |
| --- | --- | --- |

Tips: 给宝宝喂药有妙招

妙招一, 让宝宝自己吃。

有些药丸可以直接交给宝宝, 让他自己放进嘴巴里, 等他吃下去后要称赞他很勇敢, 做得好, 不让他对吃药产生排斥心理。

妙招二, 不把吃药和惩罚划等号。

对宝宝说"再不好好吃药就揍你了"之类的话, 很容易让宝宝将吃药和受到惩罚联系起来, 结果就害怕吃药。

妙招三, 把药丸碾碎加入奶中。

有些药丸是可以碾碎后加入奶水中服用的。另一些则不行, 比如胶囊。胶囊的设计就是为了让药效不会提前释放, 从而达到治疗的目的。药物能同奶一起吃当然好, 不能的话可以鼓励宝宝自己放进嘴里。

妙招四, 从下嘴唇处灌药。

让宝宝的头抬起, 用勺子在靠近下嘴唇的地方慢慢灌进去, 这样做宝宝不容易被呛到。